向解放军学

忠诚　干净　担当

植入解放军优秀基因，锻造最强铁军团队

杨朝晖/编著

中华工商联合出版社

图书在版编目（CIP）数据

向解放军学忠诚干净担当 / 杨朝晖编著 . —— 北京：
中华工商联合出版社 , 2018.12

ISBN 978-7-5158-2074-3

Ⅰ . ①向… Ⅱ . ①杨… Ⅲ . ①责任感—通俗读物
Ⅳ . ① B822.9-49

中国版本图书馆 CIP 数据核字（2018）第 280679 号

向解放军学忠诚干净担当

作　　　者：杨朝晖
责任编辑：于建廷　王　欢
责任审读：魏鸿鸣
营销总监：姜　越　郑　奕
营销企划：张　朋　徐　涛
营销推广：王　静
封面设计：周　源
责任印制：陈德松
出　　　版：中华工商联合出版社有限责任公司
发　　　行：中华工商联合出版社有限责任公司
印　　　刷：盛大（天津）印刷有限公司
版　　　次：2019 年 2 月第 3 版
印　　　次：2024 年 1 月第 2 次印刷
开　　　本：710mm×1020mm　　1/16
字　　　数：240 千字
印　　　张：14.25
书　　　号：ISBN 978-7-5158-2074-3
定　　　价：65.00 元

服务热线：010-58301130
团购热线：010-58302813
地址邮编：北京市西城区西环广场 A 座
　　　　　19-20 层，100044
Http：//www.chgslcbs.cn
E-mail：cicap1202@sina.com（营销中心）
E-mail：y9001@163.com（第七编辑室）

工商联版图书
版权所有　侵权必究

凡本社图书出现印装质量问题，
请与印务部联系。
联系电话：010-58302915

不知道您有没有看过这样一个测试，49 人站在台上，主持人每提出一个问题，参与者就要做出真实的回答，能做到的留下，不能做到的离开。问题从"你敢一个人走夜路吗？"开始，到"你敢不敢在公共场所抓小偷？""你有没有因为工作留下过伤疤？"，再到"你从未动摇过自己的信仰，从来不曾后悔从事自己的职业吗？"……提问结束，最终留在场上的只有五人，而这五个人全是中国军人。每思及此，常热泪盈眶。

　　生活在和平年代的我们，没有吃过苦，没有饱受欺凌，更没有经历过战争，我们享受着每日舒适的阳光，过着安宁的日子，可是我们也许从未了解，有一群人，在用汗水、泪水，甚至热血在护我们周全，他们不知道你是谁，但是他们却能够为了你牺牲一切。他们就是我们最骄傲的中国人民解放军。他们是我们的英雄，更是我们的榜样。

　　中国工程院院士、空军某试训基地高级工程师赵煦，如今年近八旬的他在茫茫的戈壁滩上已经坚守了五十多年；刘传健，川航机长，原空军第二飞行学院飞行员，在某次飞行途中，遭遇驾驶舱右侧玻璃突然破裂，驾驶舱瞬间失压，自动化完全失灵的情况下，手动操纵，成功让飞机备降在了成都双流机场，所有乘客平安落地；扫雷边境上，27 岁的扫雷战士杜富国在扫雷作业中为了保护战友，永远失去了双眼和双手；年轻的消防员救火时，为营救孩子，从高楼坠下，被战友发现的时候，仰面朝上，怀中还死死抱着被救下的孩子……

看到这些，您是不是像我一样沉默了？原来我们口中的岁月静好，是真的有人在负重前行。也许你很疑惑，是怎样的情怀让这些人甘愿将最好的年华挥洒在祖国的热土上？是他们对祖国的忠诚，是他们无法推卸的责任感，是他们勇敢的担当精神。战争年代，中国人民解放军是祖国的脊梁，是人民的钢铁战士；和平年代，他们依然是祖国的卫士，人民的守护者。最危险的地方，永远有他们最奋不顾身的身影。

用忠诚铸就灵魂；用责任坚守岗位；用担当扛起使命。有勇气，敢担当，对国家和人民无限忠诚，这就是中国军人。他们值得每一名中国人为之骄傲与自豪。

这本书，不仅是对中国人民解放军的歌颂，更是对我们自己的思考。我们的工作可能不曾轰轰烈烈，可能不会有泥泞中的摸爬滚打，可能不会充满了未知的危险，可能不会面临与亲人的生离死别……但我们依然需要像军人一样的品质，心怀梦想，对事业怀抱忠诚，对工作任务认真负责，对一切困难勇敢担当。

谨以此书，向中国人民解放军致敬，也向每一位兢兢业业的工作者致敬。

目 录

第一章

牢记使命，忠于职责/001

用行动托举使命/003

- **与使命同在**/003
- **使命是一份厚重的责任**/004
- **人物故事|阳鹏：面对使命召唤，就要奋不顾身**/006

困难面前，挺身而出/010

- **奉献是一种高贵的品质**/010
- **勇往直前，无怨无悔**/013
- **人物故事|李剑英：飞机无法转弯，就让生命改变航向**/016

无条件执行，保证完成任务/019

- **服从！无条件服从**/019
- **完成任务没有借口**/021
- **全力以赴去执行**/023
- **人物故事|王百姓：每一次任务，都是与死神较量**/026

I

第二章

艰苦磨砺，铸就忠诚/031

集体利益高于一切/033
- 家是最小国，国是最大家/033
- 忠于职守，奉献自己/035
- 人物故事 | 王　伟：妻儿需要我的肩膀，人民更需要我的脊梁/038

吃得了苦，才扛得起责任/042
- 磨砺意志，强健体魄/042
- 危难面前决不退缩/044
- 人物故事 | 梁万俊：人在最关键的时刻，要保住最重要的东西/046

忠诚奉献，唱响动人的高歌/051
- 忠诚胜于能力/051
- 奉献的礼赞/053
- 人物故事 | 李文波：二十年的坚守，站成了任凭风浪的礁石/056

第三章

敢于担当，一生无悔/063

忘我付出，无愧肩上的责任/065
- 不同的责任，相同的奉献/065
- 平凡的生命，不凡的付出/067
- 人物故事 | 孟祥斌：别问值不值，生命的价值不是用交换体现/069

无困难，不担当/073
- 责任面前，化压力为动力/073
- 奉献，只因心存感恩/075
- 人物故事 | 武文斌：灾难的黑色背景下，他的青春是最亮的光/077

迎难而上是责任/080

- 时刻冲在最前面/080
- 失去了勇敢，就失去了一切/083
- 人物故事|衡阳武警消防兵：穿上军装就做好了牺牲的准备/087

第四章

誓言如钢，责任无疆/091

坚守岗位，忠于职守/093

- 忠于职守，尽职尽责/093
- 敢于扛起自己的责任/095
- 人物故事|陈俊贵：守住誓言，守住心灵的最后阵地/097

做好每一件事，哪怕是小事/101

- 细节决定成败/101
- 做好小事才能做大事/103
- 人物故事|华益慰：做一个值得托付生命的人/106

有信念的支撑，才有精神的力量/111

- 信念是人生的导航/111
- 信念付诸行动/114
- 人物故事|黎秀芳：有爱的世界是灿烂的世界/116

第五章

胸怀大局，荣誉至上/123

荣誉高于一切/125

- 珍惜荣誉，坚守原则/125
- 荣誉不容玷污/127
- 人物故事|张勇：不用记住我是谁，只要记得我来自中国/129

时刻准备着/136

◉ 严格的自律精神/136

◉ 强化危机意识/138

◉ 人物故事|何祥美：只有居安思危的理由，没有安享太平的借口/140

随时随地，坚守道德信念/145

◉ 高贵的品格胜于能力/145

◉ 诚信的价值与意义/148

◉ 人物故事|杨业功：未曾请缨提旅，已是鞠躬尽瘁/149

第六章
敢打硬拼，永不服输/157

打不烂摧不垮的钢铁意志/159

◉ 锻造强大的意志/159

◉ 在困境中保持振作/160

◉ 人物故事|丁晓兵：人可以有残缺之躯，不可有残缺之志/162

把一切献给热爱的事业/167

◉ 点燃生命的火种/167

◉ 热爱自己的职业/170

◉ 人物故事|孙炎明：用微笑诠释工作，用坚强提示生活/172

不惧失败，更要敢于胜利/176

◉ 挑战自我，追求卓越/176

◉ 有敢为天下先的勇气/180

◉ 人物故事|李中华：在蓝天上谱写一个时代的狂飙歌/182

第七章

与时俱进，攻坚克难/189

荣誉面前保持一颗平常心/191

- 荣誉越高，头越要低/191
- 虚怀若谷能学到更多/192
- 人物故事|杨利伟：实现飞天梦，依旧低调如初/194

生命1分钟，奋斗60秒/198

- 时刻保持警觉/198
- 为理想而奋斗/200
- 人物故事|方永刚：在信仰的战场上，保持冲锋的姿态/203

勇于探索，不断攀登高峰/206

- 永不满足，力争更好/206
- 树立终身学习的信念/207
- 人物故事|宋文骢：青骥奋蹄向云端，老马信步小众山/209

致敬！给最可爱的人/213

参考文献/214

第一章
牢记使命，忠于职责

用行动托举使命

● 与使命同在

军人的使命是什么?

提到"使命"这两个字,我们最先想到的一定是保家卫国、血战沙场,因为军人是战场的主角。

可对当代军人来说,他们身上不仅仅肩负着保家卫国的职责,核心使命也并非单纯地在战场上与敌人一争高下。当代军人的宗旨是"为人民服务",核心价值观是"忠诚于党,热爱人民,报效国家,献身使命,崇尚荣誉"。

在军人的心中,使命远远高于自己的生命。在使命的召唤下,多少优秀的中华儿女,为了一个伟大的目标,为了一个炽热的希冀,穿越重重炮火,英勇顽强,前赴后继,用鲜血染红了心中的使命之旗,一个个伟岸的身影定格成历史中辉煌的记忆。

有了庄严的使命感,才会成为一个真正成熟的军人,一个有力量、无所畏惧的军人,一个心中翻滚着巨浪的军人,一个胸怀正义、在关键时刻甘为使命抛洒热血而无怨无悔的军人!

和平时代,没有硝烟,没有战火,但作为军人,却不能因为战争的结束而远离广大的劳动人民群众。当灾难降临时,一声令下,就要拿出不怕流血牺牲的勇气,把危险留给自己,把生的希望留给人民。

生命是美好的,没有使命感的生命便是贫血的。在任何一个时代,都是具有使命感的热血青年创造出了历史的辉煌和感人的事迹。老一辈无产阶级革命家正是用他们的青春捍卫了民族的尊严，推翻了"三座大山"的压迫，创建了新中国；党的好干部焦裕禄用他的青春扎根贫困山区，为人民的富裕奉献了自己的一生；正值青春的雷锋用他"钉子"般的精神默默为部队的发展贡献自己的力量；方红霄、雷敏这些时代的楷模，同样用青春讴歌了使命的意义。

绿色，向来给人以希望，让人有勇往直前的动力。选择了军营，就意味着与绿色相伴；选择了军营，就意味着与使命同在。

军队与使命同生，军人与使命同在。履行使命是军队核心价值所在，军人只有在履行使命中才能实现自身的价值。每一个身着军装的军人，都肩负着维护国家安全稳定的神圣职责和使命，时刻准备为党、为国家和人民的和平事业奉献出无悔的青春。

● 使命是一份厚重的责任

使命，是一个神圣的词语，更是一份厚重的责任。

使命与职责向来不可分割，当一名军人肩负使命，并愿意为之而战的时候，他一定会敬重自己的身份和事业，尽职尽责、一丝不苟，充满了责任感。

在这里，我们不妨谈谈苏格拉底，他身体力行地诠释了"职责高于生命"的真谛。

苏格拉底诞生于公元前 469 年的雅典，早年学习雕刻艺术，获得了不错的成就。后来，他加入军队服兵役，履行所有雅典公民应尽的责任。在入伍的那一刻，他就立下了一则誓言："我绝不会让我的祖国委托给我的神圣武器蒙受耻辱，也绝不会丢失祖国委托我守卫的每一寸领土。"

苏格拉底参与过不少战斗，每一次都表现出了英勇顽强、坚毅果敢的魄力。有一次，他的战友亚西比德在敌人的阵地上负伤了，苏格拉底冒着生命危险冲进敌方的阵营，把亚西比德救了回来。由于这次勇敢的行动，苏格拉底被授予了当时公民能够得到的最高奖励，一枚胜利勋章。在此后的战斗中，他又救过不少战友的生命。

退役之后，苏格拉底开始投身于教育事业，把传播真理和培养人才当成自己的使命，并取得了不小的成就。雅典在恢复了奴隶主民主制后，苏格拉底被指犯有蔑视传统宗教、引进新神、败坏青年和反对民主等一系列罪名，被判处死刑。

事实上，他并不是非死不可，他完全有机会做另外的一种选择。

在苏格拉底被判处有罪后，他的学生们为了解救他，已经打通了所有关节，试图让他从狱中逃走。他们反复地劝他，判他有罪是不正义的。可惜，死亡对于苏格拉底来说，似乎并未造成什么恐惧和威胁，他谢绝了学生们的好意，慷慨地走向了刑场，视死如归。

为什么要慷慨赴死？苏格拉底是这样说的："我是被国家判决有罪的，如果我逃走了，法律得不到遵守，就会失去它应有的效力和权威。当法律失去权威，争议也就不复存在。我应该为我的信仰尽最后的职责。"

这不是什么悲剧的声音，而是一个智者在用生命诠释使命与职责的含义。苏格拉底热爱雅典，不容许最神圣的信仰被亵渎，所以他宁愿选择死亡。对他来说，职责远高于生命。

职责，从它最纯粹的形式上来说，是具有强制性的，以至于一个人在尽职尽责的过程中，会忘记自身的存在。这就是职责的核心，它要求我们在履行职责时不能患得患失、瞻前顾后，而是要不折不扣地去完成自己的使命。

牢记使命、履行职责，并不是为了做给谁看，世间很多最重要的责任都是在鲜为人知的情况下完成的，那是生命的信仰，是灵魂的方向。

● 人物故事 | 阳鹏：面对使命召唤，就要奋不顾身

"你是浪花上的海燕，你是烈火中的凤凰，三湘儿女传颂你的故事，滔滔东海把你的美名远扬……"这首美丽的歌曲歌唱的英雄叫阳鹏，是海军东海舰队某驱逐舰支队岸勤部管理科管理员。这位 26 岁的年轻军官，在熊熊烈火中救人的壮举，感动了无数人的心。

·彰显本色，勇敢地挽救生命

时光回溯，重返 2010 年 7 月 21 日。

那是一个很平常的日子，阳光明媚，岁月静好。午后，一辆载着 46 名乘客的大巴车，缓缓地驶离长沙黄花机场，而后在通往市区的高速路上疾驰。阳鹏就是这些乘客之一，他想着即将见到惦念已久的父母，心里忍不住的喜悦和激动。他不知道，一场可怕的灾难正在朝着他们慢慢逼近。

15 点 56 分，大巴车上的一位中年男子反常地从座位上站起来，点燃了手里提着的尼龙包，狠狠地扔到车厢靠后的过道上。那一瞬间，火苗腾空而起。乘客们从睡梦中惊醒，看着从天而降的大火，很多人都慌了，车内顿时大乱。渴望求生的乘客们，一边喊着"着火了"，一边涌向车门。

受过专业训练的阳鹏，此时大吼一声："大家不要挤，有秩序地走！"说着，就开始指挥乘客迅速有序地从车门撤离，同时他冲上着火点，拼命地踩踏着火的地板。疯狂的火焰烧穿了他的衣裤，烧灼着他的身体，可他依旧咬紧牙关，拼命狂踩，试图把火踩灭。

正当阳鹏奋不顾身地扑火时，更大的灾难降临了。那个尼龙包突然发

生了爆炸，熊熊的烈焰和浓烟吞噬了整个车厢。站在生与死的边缘，阳鹏没有退缩，他拼命地推着乘客往外逃生。多数乘客陆续地逃离了车厢，而阳鹏自己却被烈火裹住了。此时的他比任何人都清楚：不远处就是车门，只要往前跨几步，就地一滚，完全可以逃生。可是，车厢的后面还有乘客，那撕心裂肺的呼救声，声声撕扯着阳鹏的心，拽着他向火海深处扑去。

阳鹏翻过座椅，跳进火中。在浓烟的烈火中，他发现一名女乘客正在破碎的玻璃窗前挣扎，他忍住烈焰烧灼的剧痛，奋力把女乘客从窗口推了出去。烈火更加疯狂了，火焰吞噬了车顶，大巴车完全被浓烟笼罩。阳鹏的周身犹如刀割一般疼痛，他拼尽了全身的力气，继续在车厢里摸索着、寻找着，生怕漏掉一条生命。

被救下的乘客们，死死地盯着着火的大巴车，他们以为不会再有生还者了。就在这时，一个头发冒着烟、全身炭黑、几块碎布还粘在身上燃烧着的人，从车里出来了，他正是阳鹏！他用燃烧着的血肉之躯和一颗勇敢的心，保住了44条生命的安全。

在这起恶意纵火事件中，只有两名女性窒息死亡。倘若阳鹏不救他人，依靠专业的知识和技能，他完全可以独自逃生，可若没有他的见义勇为，死伤的人数将不可想象。在个人与集体的利益之间，他义无反顾地选择了后者。因为，这是一名军人的使命。

·无惧无畏，顽强地走出磨难

乘客们安然无恙，生命垂危的阳鹏却被送进了解放军163医院的重症监护室。

经过诊断，阳鹏全身烧伤面积达90%，深二度40%、三度40%，重度吸入性损伤，脉搏达到180次/分钟。医生们把所有的抢救措施都用上了，抗休克、抗感染、清理创面、维持酸碱平衡，24小时内输液14000余毫升，输血4000余毫升……所有的人都希望，这个年轻的小伙子能够闯过这一关。

入院的第二天下午，阳鹏所在管理科科长封恒华急匆匆地赶来。见到科长，阳鹏让护士摁住自己的喉部气管套管口，艰难地从嗓子里说出一句话："科长，我没给部队丢脸吧？"说这话时，他的眼神中透着一股自豪。那一瞬间，封恒华流泪了，哽咽地说不出话，对阳鹏竖起了大拇指。

由于伤势太重，阳鹏的生命体征一直不稳定，危险期从三天延长到七天，后又延长至十五天。熬了整整半个月，他才逃离了死亡线。在营救乘客的过程中，阳鹏的右手受伤严重，必须及时做皮瓣修复手术，否则就会丧失功能。可是，手术有很大的风险，不仅要担心感染，还要忍受巨大的痛苦。当医生也感到犹豫的时候，阳鹏毅然决然地说："做！我不怕风险，我不能没有手，我还要回部队工作。"

医生为阳鹏做了皮瓣手术。这个手术，就是将烧伤的手指埋入他的腹部皮肤，用石膏将手和腹部固定，等到腹部皮肤长在手上之后，再进行分离。阳鹏的右手臂皮肤全部被烧焦，根本无法打石膏，唯一可行的办法就是用针把手缝在腹部，难度和痛苦都超出正常手术的数倍。

由于皮肤的生长周期最短也要21天左右，这对于阳鹏来说，可谓是一段漫长的煎熬之旅。因为烧伤太严重，他的背部不停地出血、化脓，躺在病床上，犹如无数根钢针在扎自己。晚上他不敢睡觉，很怕睡着了碰到手臂，拉扯了手术的部位，这样就前功尽弃了。整整21天，阳鹏没有说过一声疼，也没有喊过一声苦，更没有掉过一滴泪。

值得庆幸的是，阳鹏的右手最终保住了！可是，忍住剧痛、保住右手，不过是煎熬之旅的前半部分，接下来等待阳鹏的是更加艰难的一道鬼门关——奇痒。植皮后的三个月，身体开始长疤，那段时间，阳鹏被奇痒折磨得寝食难安，浑身就像有无数只蚂蚁在咬。实在痒得难以忍受时，他索性就唱军歌，自己给自己鼓劲儿。

历经了烈火的灼烧，忍住了剧痛的侵袭，挺过了奇痒的煎熬，阳鹏总算重获了新生。2010年12月18日，他重新站了起来，迈出了负伤后的第一步。那一刻，阳鹏兴奋极了，就好像历经了九死一生，打了胜仗。

是的，他战胜了疼痛，也战胜了自己。

·热血军官，忠诚地献身使命

阳鹏的事迹，很快就在三湘地区传遍了。大家都对这个年轻的小伙子充满了钦佩，都想更多地了解他，也想让更多人知道他的英雄壮举。

其实，阳鹏就是一个普通家庭走出来的青年。他出生在湖南汨罗江附近的一户农家，2007年7月从海军工程大学毕业，分配到驻守东海前哨的某驱逐舰支队，任副雷声长。这支舰队是东海舰队的英雄部队，曾经两次被中央军委记二等功，走出过110名共和国将军，而阳鹏操作的编队指挥控制系统，更是指挥舰艇海上作战的核心，在每次重大演习中发挥着不可小觑的作用。

曾经，在一次实弹射击演练前，阳鹏所在舰艇的主炮系统突然发生故障，大家都认为是雷达出了问题，可阳鹏经过认真分析后，给出了不一样的答案，他判定是指挥仪出了故障。经过一系列的排查，结果证明，情况恰如阳鹏所言。

2009年11月，阳鹏调任支队岸勤部管理科管理员。从海上到岸上，从舰艇到机关，岗位变化了，但阳鹏忠于职守的使命追求、热血方刚的工作态度却从来没有变过。他把机关食堂伙食、支队车辆调度、家属来队住房分配等工作都管理得井井有条，让领导放心，让官兵满意。

被烈火烧伤后，阳鹏没有想过借此得到什么补偿，从昏迷中醒来后，他对家人说的第一句话就是："不要给部队和组织添麻烦、提要求。"那一刻，他心里想的依然是：我所做的一切，都是我应该做的，是作为一名军人的使命和职责。

阳鹏入院后，收到了2万元见义勇为的奖金，那些受助的乘客也自发捐款 6000 元。阳鹏的家境并不富裕，可他还是把这些钱全部捐给了湖南省见义勇为基金会。他的解释一如从前："我是一名军人，我只是做了我应该做的事，我捐的钱有限，但希望能唤起更多的人加入到见义勇为的行列中。"

某知名军事家说过："军人一生的全部价值在于如何履行国家使命，如何赢得军队荣誉。"责任托举使命，使命升华责任，军人有了强烈的使命感，就会把一往无前的战斗精神，变成一种融入血液、渗入骨髓的责任感，时刻准备为捍卫国家和人民利益挺身而出！

英雄壮举的迸发虽然只在瞬间，但它往往需要长期的能量积聚。熟悉阳鹏的领导和战友都知道，他平日就有一副热心肠，习惯帮助人，也懂得感恩。他从来不觉得自己所做的一切多值得标榜，在他心里，从穿上了军装的那一刻起，就已经把军人的使命和人民的生命安全放在第一位。

生死抉择，彰显英雄本色；紧急关头，考验赤胆忠心。

这就是阳鹏，就是我们身边最可爱、最可敬的人，我们没有理由忘记这个用行动、用生命、用热爱去履行使命的英雄。

困难面前，挺身而出

● 奉献是一种高贵的品质

选择做一名军人，就意味着选择了离牺牲最近的职业。

2016 年 7 月 10 日，南苏丹中国维和步兵营遭遇袭击，2 死 5 伤，此次突袭距离马里维和士兵申亮亮的灵柩回国不过一个月而已。看到自己的同胞客死异国他乡，多少人为之愤怒和悲痛。

生在和平年代的人，多数都无法理解"战争"意味着什么。它不是象棋上的楚河汉界，也不是诗词歌赋里的大江东去，更不是游戏里的打打杀杀，或是史书资料里的冰冷数据。战争没那么轻盈，具体到每一个个体的牺牲，都是血淋淋的。所有的太平盛世，都是靠鲜血和生命换来的，并依赖着它的守护。

曾有人问："为什么要维和？跟我们有什么关系？军人牺牲在国外值不值得？"在军人的字典里，没有为什么，只有"服从"。他们的心里就一个想法：出去就是代表着中国，至于自己姓甚名谁已不重要，自己的言行举止传递着和平友谊，也意味着大国的责任与担当。

作为军人，当祖国需要我的时候，我就是一颗子弹，指哪儿打哪儿；当人民需要我的时候，我就是一堵墙，坚不可摧。很多事情不是非要知道答案，有没有人理解，都不妨碍军人前赴后继地出现在英雄曾经倒下的地方。

人固有一死，有的轻于鸿毛，有的重于泰山。值与不值，只求无愧于身上的军装，头上的军徽。有些硝烟战火看似遥远，倘若袖手旁观、置之不理，终有一天会烧到自己的土地上来。世界和平的最终受益者，并不是军人自己，他们多希望从此岁月静好，再不需要任何人付出生命和鲜血。可是，每一名军人都知道，国家是从苦难中走出来的，过程中的艰辛历历在目，他们不能再跪尝屈辱的历史苦果，唯有强大的国防，不怕苦、不怕死的人民军队，才能实现这一切。

在开创革命根据地的峥嵘岁月里，红军指战员的脖子上都系着红带子，取名"牺牲带"，表明了为共产主义献身的决心。在当年的井冈山斗争中，仅有名有姓的烈士就有 15000 人，无数惊天地、泣鬼神的英雄壮举，映入眼帘，铭记人心。

卢德铭是孙中山亲自面试并认定合格的黄埔军校的优秀学员，是北伐战争中军功显赫的虎将，担任湘赣边界秋收起义的总指挥。秋收起义失利后，他在文家市前委会议的关键时刻，坚决支持毛泽东的主张，不攻长沙、向萍乡退却，确保了起义部队在前委领导下的统一行动。

1927 年 9 月 29 日清晨，当起义军从萍乡附近的芦溪出发，行至 15 华里的山后岩时，突然遭到了江西军阀朱培德部江保定特务营和江西第 4 保安团的伏击。由于事发突然，部队没有任何防备，损失非常惨重。在紧要关头，卢德铭挺身而出，率领部队占领了白泥坳地，掩护部队转移。

当后续的部队全部安全转移进山后，卢德铭才从白泥坳地撤下来，就在他骑马通过一片开阔的地域时，不幸被埋伏的敌人开枪打中，当场牺牲，年仅 23 岁。敌人撤退后，当地群众把卢德铭和同时牺牲的 40 多名起义军的尸体就地埋葬。

卢德铭从此安静地在江西的红土地上睡去了。

像卢德铭一样，为了革命事业牺牲的军人还有很多，很多人都没有留下名字乃至任何的印记。他们为了什么呢？明明知道上战场是要牺牲的，有些战役敌众我寡，实力悬殊，在开战之前就预料到了结果，甚至知道可能有去无回，为何还要冲锋陷阵呢？

1936 年，美国记者埃德加·斯诺在陕北的黄土高原采访了毛泽东和红军的其他领导人。通过斯诺的报道，世界第一次真正认识了中国红军和两万五千里长征。红军战士在长征中挨冻受饿，穿越了险峻的峰峦，迈过了荒无人烟的草地，横渡了 24 条江河，打了无数次的胜仗。它像一部史诗，也是一个奇迹，更是人类精神的丰碑。当人们深入去挖掘这一奇迹的时候，才发现长征的胜利不是偶然的，它源自军人内心坚定的信仰。

信仰的力量是巨大的，当一个人对某种思想、某项事业产生了信仰时，就会释放出巨大的能量，甚至不惜牺牲自己的生命去维护这个信仰。选择一种信仰，就等于选择了自己的命运；有信仰才会有理想，而理想恰恰是让人超越平庸走向卓越的桥梁。

军队与使命同在，军人也与使命同在。当国家和人民群众的安全受到威胁的时候，军人挺身而出就是天经地义的，无须任何理由，用自己的鲜血和生命，换来人民的幸福，纵使血雨腥风、枪林弹雨，依然义无反顾。献身使命、甘愿牺牲的英雄主义，是军人身上最光彩夺目的品质。

● 勇往直前，无怨无悔

世界上最勇敢的人，不是对什么事情都无惧，甚至无畏死亡，而是怀着恐惧却依然勇往直前。军人，就是这样一个群体。在生死线上，他们愿意把死的威胁给自己，把活的机会给群众。谁的生命都无法重来，可他们无怨，因为他们是军人；他们无悔，因为他们选择了这身军装。

2008 年"感动中国"的人物中，李隆的名字被很多人记在了心里。他是河南省郑州市公安消防支队特勤大队副大队长。自 1995 年加入公安消防队伍后，一直在重大灭火抢险救援事故现场出生入死，他总是站在最危险的位置，从未退缩过。他先后参加灭火救援战斗 3170 多次，抢救遇险群众 760 余人，先后荣立个人一等功一次、二等功一次、三等功三次，被称为"灭火救援尖兵"、"全国抗震救灾模范"。

李隆的办公室里有一块牌匾，上面写着："铸就英雄是在瞬间，考验英雄则是一生一世。"他说，自己从来都是怀着感恩的心出现在灾难现场的，那些受难的群众需要消防战士，每一次灾难都震撼着他，让他从受难者的身上感受到了人们对生命的渴望，由此也让他更加珍惜自己的岗位。

每次执行任务的时候，他总是冲在最前面。平时的训练中，他不断地教育和鼓励新入伍的战士，只有苦练抢险救援的技能，才能救出更多的人，倘若自身的安全都无法保证，如何救人？作为大队长，他始终觉得自己有责任和义务确保战士们的安全。

在一次接受记者采访时，李隆被问道："在抢险救援、面对死亡的时候，您畏惧过吗？"

李隆回答得很实在："有一丝害怕，但并没有畏惧。在四川，我趴在废墟里直接面对六级余震的时候，有一丝遗憾，可能来不及给家人留个言，但还是要一如既往地去救援。因为，在我眼前有一个个活生生的生命，要快点把他们救出来。"

在汶川地震中，李隆和他的战友在废墟中连续作战，救出了大量被掩埋的群众，其中就有被埋压124个小时的卞刚芬。在回忆这段救援经历时，李隆说："我们消防官兵只是做自己该做的，让我印象最深的是灾区老百姓的坚强，他们的坚强让我们更有信心，我们不抛弃、不放弃，克服一切困难，哪怕牺牲我们自己，也要把被困者救出来。救卞刚芬的时候，她看到了希望，但是她触摸不到，为了能够让她知道我们在努力，我钻进去握住她的手，那个时候我很有可能会被余震震塌的建筑物拦腰截断，但我确实让她触摸到了生的希望，值！"

有朋友问李隆，消防官兵和普通的公安警察有什么区别和共同点？李隆的回答，说出了所有身着军装和警服人的心声："警察也好，消防员也好，没什么区别，共同点就是头顶着国徽，要履行好国家、人民赋予他们的责任，尽好他们的义务，为我们有一个和谐的生活环境做自己应该做的。"

的确，在警察的队伍中，也一样有着很多出生入死、无怨无悔的身影。

2005年5月6日凌晨，一位法国女孩在海地贝莱尔地区遭到歹徒的绑架，联合国海地稳定特派团下达了突击解救人质的命令。中国的装甲车被委派作为开路先锋，从军人到特警、从佛山到海地一路走来屡立战功的孙建国，被任命为机枪手。

很快，歹徒就发现了突击队，枪声响了起来，子弹打在装甲车上。孙建国的脑子里，根本就没有躲避的念头，回忆起当时的场景，他直白地说："死都得顶着！"因为，他是一名维和队员。

刚到海地的时候，他看到满目疮痍、一片狼藉的街头很是震撼，几乎每天都能听到枪声，闻到硝烟的味道。中国的维和部队在海地扮演着诸多的角色，巡逻、驻守、警戒保护、物资押运、人质解救等，在装甲车上做机枪手，随时都可能被当成"靶子"，说不紧张肯定是假话，在孙建国去海地的第一周，就见到了一位菲律宾士兵惨死在"冷枪"之下。

和孙建国一起同去海地维和的队长回忆说，在海地期间，队员们每天执勤都是冒着生命危险，加之与亲人分别，很容易产生消极情绪。孙建国的情况也不太好，到海地的三四个月后，左腿患上了膝伤，有时膝盖肿得无法走路，可他从来没有抱怨过，出任务时背起超过50斤的装备就走，实在疼得受不了了，就吃一片止痛药。

在海地执行维和任务的八个月里，孙建国先后参加了贝莱尔地区的大规模联合清剿、抓捕任务，执行多类勤务，尽管他的左腿膝关节因严重受损，无法恢复了，可他回忆起这段经历，依旧是满满的自豪。

一个人的脊梁，不是骨头而是精神；一支军队的脊梁，不是武器而是精神。身穿军装警服的英雄，经历不同、岗位不同、事迹不同，但他们都有一颗对党和人民忠诚的赤子之心，也有忘我的奉献精神。为了"大家"，他们乐于吃苦，不惜奉献自己的青春、热血，乃至生命。他们，真的是我们生活中最可爱、最可敬的人。

● 人物故事 | 李剑英：飞机无法转弯，就让生命改变航向

12 时 04 分 09 秒，639："我撞鸟了，我要调整跳伞。"

12 时 04 分 15 秒，639："看迫降行的话，我把起落架收起来了。"

12 时 04 分 18 秒，639："我把起落架收起来，迫降！"

12 时 04 分 25 秒，飞机解体爆炸。

这段录音是飞行员李剑英最后和塔台的三次通话。他为什么要调整跳伞，又为什么冒着生命危险放弃跳伞选择迫降？让我们回到 2006 年 11 月 14 日，看看那一天到底发生了什么。

·16 秒的生死抉择

那天，兰空某团驻地天气不错，空中云朵不多，能见度大于 10 公里，是一个适合飞行的好天气。上午 11 时 17 分，飞行员李剑英（代号 639）驾驶某型歼击机双机起飞，执行空中巡逻游猎任务。

经过常年的训练，李剑英在完成起飞、出航、空域动作和返航、解散加入起落航线的过程都很顺利。可是，没有人预料到，这竟然是李剑英最后一次和自己心爱的战机冲上云霄了。

12 时 02 分，飞行员李剑英接连向指挥员报告情况，指挥员接到后回答，检查好三转弯即可着陆。战机就像平日里一样下降高度，进入三转弯，加入下滑线，所有的动作都是那么娴熟。12 时 04 分 09 秒，当飞机的高度下降至 194 米，距离机场 2900 米的时候，突然遭遇鸽群撞击，发动机发出了"砰"的一声巨响。

李剑英开始跟塔台联络，就是我们上面看到的那一段录音。在整个通话的过程中，他的声音始终保持沉稳，没有丝毫的紧张慌乱。16 秒的时间，告别竟然是这样的短暂，这样的突然。在最后的时刻，李剑英选择了放弃

跳伞，放弃能够生存的三次机会，毅然决然地离开了那片沃土，那片蓝天。

·用生命维系大爱

到底是什么原因，让李剑英三次放弃生存的机会呢？

大家都知道，鸟撞飞机是一个世界性的航空难题。有些飞机有两个或多个发动机，撞鸟后可紧急关闭被打坏的发动机，实施迫降。可是，李剑英驾驶的战机是单发机型，想要着陆难度巨大。

在他第一次报告鸟撞飞机的时候，战机距离机场跑道2900米，高度是194米。瞬间，机身就开始剧烈抖动，发动机转速陡然下降，温度急剧上升，战机以平均每秒11米的速度下降。遇到这类情况时，飞行员通常都会报告"我撞鸟了，跳伞"，可他在报告中却说"要调整跳伞"，他到底要调整什么呢？

事故发生后，调查组的人员勘察推断，倘若当时李剑英不调整，而是选择直接跳伞，那么飞机很有可能坠毁在村庄田野，危及人民的生命和财产安全，后果不堪设想。他想调整跳伞的原因，就是为了避开村庄。

调查发现，在鸽群撞击点到飞机坠毁点2300米跑道延长线的两侧6800米范围内，有7个自然村，一处高速公路收费站，还有一个砖瓦厂。沿下滑轨迹依次分布3个村庄，共268户，住着3500口人。李剑英何尝不知道，跳伞就有了生存的机会？可他更加清楚，如果飞机坠毁了，落在村庄里，牵扯到的就不仅仅是一条生命了。作为一个有着多年经验的飞行员，他和战机常年做伴，要做出跳伞、抛弃战机的决定实在太难了，但凡有一丝的希望，他都会把战机驾回去。

凭借着精湛的飞行技术和良好的心理素质，李剑英稳稳地操控着驾驶杆，努力把即将失控的"战鹰"驾驶到没有人烟的跑道延长线，并沉着地向指挥员报告："看迫降行的话，我把起落架收起来。"眼看着战机就要接近跑道延长线，他再次报告："我把起落架收起来，迫降！"战机急速下降，在12时04分25秒，爆炸解体，李剑英粉身碎骨，与飞机的残骸融为一体。

·不跳伞才是真正的李剑英

飞机解体后，发生的爆炸一直持续了两个小时。爆炸现场距离最近的一位群众不到20米，所幸没有任何群众伤亡。兰空的领导告诉记者，当时飞机上有800多公升的航空油，120余发航空炮弹，1发火箭弹，一旦跳伞后飞机失控，会给群众带来巨大的灾难。当时的指挥员目睹了李剑英的壮举，他说："李剑英完全可以跳伞保住自己的生命，可他毫不犹豫地选择了牺牲，这是一种坦荡，一种无私，一种高尚的境界。"

为了保住人民群众的生命财产安全，李剑英发扬了人民军队的优良作风，让那16秒钟的抉择，成为人生最壮丽的篇章。他的战友们都说，如果李剑英跳伞了，那肯定不是真实的李剑英，不跳伞才是真正的李剑英！

李剑英出生在一个朴实的家庭，从小到大一直品学兼优，很早就心怀"蓝天梦"。18岁那年，他以优异的成绩被招飞入伍，进入航校，历任飞行学员、飞行员、中队长、副团职领航主任、正团职领航主任、正团职飞行员等职。在22年的飞行生涯中，他累计飞行5003次，安全飞行2389个小时，先后荣立三等功1次、二等功1次。

一直以来，李剑英都是一个对飞行训练精益求精的人。飞行之前，无论一个科目飞了多少次，他都要反复计算、演练，把风向、风速、云雾、能见度、地面参照物等飞行参数进行定量分析，制定出各种预案，不放过任何细节。在飞行中，他沉着冷静，按章操作，把每一次飞行都完成得毫无遗憾，从未发生过错、忘、漏的问题。

在对抗演习中，李剑英表现得勇猛无畏。每次执行急难险重的任务时，都是第一个往前冲；每次有重大训练任务，都是第一个递交请战书。他说，飞行是勇敢者的事业，总会伴随着一定的风险，和一些不可测的因素，作为一名战斗机飞行员，就是要做到险情面前不惊，困难面前不惧。

如今，李剑英走了，走得坚定而从容，走得壮烈而辉煌。在生死关头，他义无反顾地把生的机会留给了群众，恰如感动中国组委会授予他的颁奖词中所言："他有22年飞行生涯，可命运只给他16秒！他是一名军人，自然把生命的天平向人民倾斜。飞机无法转弯，他只能让自己的生命改变航向！"

无条件执行，保证完成任务

● 服从！无条件服从

西点军校第52届毕业生，国际电话电报公司总裁兰德·艾拉斯科说："军人的第一件事就是学会服从，整体的巨大力量来自于个体的服从精神。"

对军人来说，服从命令是天职。一支部队、一个组织、一名战士，要完成上级交付的任务，必须具有强有力的执行力。接受了任务的那一刻，就等于做出了承诺，而完成不了自己的承诺，是不该去找任何借口的。这是一种崇高的思想，体现着一个人对自己的职责和使命的态度。

在西点军校，服从被视为一种美德，每一位军人都必须服从上级的指挥。即便是立场最自由的旁观者，都坚信着服从的观念。在西点人看来，学不会服从，不养成服从的习惯，就不能在军队中立足。

1945年6月30日，布雷德利将军在给巴顿将军撰写工作能力报告时，给了一个不同寻常却又合情合理的评语："他总是乐于并且全力支持上级的计划，而不管他自己对这些计划的看法如何。"简单的一句话，就道出了巴顿将军的服从意识。

服从是自制的一种形式，每一位军人都要深刻体验身为一个伟大集体中的一分子，哪怕是很小的一分子，有着怎样的意义。西点人深知，从组织里走出的每一位军官，都是投入战争的人，要执行作战命令，要带领士兵进攻有坚固防御的敌人，没有服从就不可能有胜利。

威廉·拉尼德说过："上级的命令，就像大炮发射出的炮弹，在命令面前你无理可言，必须绝对服从。"

能够进入西点军校的学员，各方面都是优秀的，但越是这样的青年，越有可能变成刚愎自用的管理者。考虑到这一点，西点军校对学员进行了严格的服从训练，让他们知道自己是西点团队中的一员，肩负着国家的重大使命。

培养服从意识的训练是残酷的。在训练的过程中，学员失去了"自由"，不能保留任何最基本的个人财物，不准保留任何代表个人特色的象征。在最初训练的几个星期里，他们都像新生儿一样，没有姓名，也没有任何独立的个性。

此外，西点还采用了"斯巴达式"的各种训练。这种方式的优点在于，学员的身体时刻处于疲惫不堪的状态，没有提出反对的余地，进而形成无条件服从上级的基础。这种行为积累下来，就可维持绝对服从的团队规则，今后就算他们有再好的理由，也无法对规则提出异议。

当西点的军官对学员下达指令时，学员必须重复一遍军官的指令，然后军官问道："有什么问题吗？"学员的回答只能是："没有，长官。"这样的回答等于做出了承诺，接受了军官分派给自己的任务。

军人必须学会服从，尤其是初级职务的军官，倘若不学会服从，不养成服从的观念就无法在军队中立足。虽然，不是所有的指令都绝对正确，毕竟上级也会犯错，但他的地位、责任决定了他有权力发号施令，上级的权威、整体的利益，是不允许部属抗令的。

军人的生命意味着责任，必须服从命令，时刻准备着。当冲锋号吹响的时候，你必须出发，哪怕是赴汤蹈火，也不能有任何的犹豫或退缩。服从，是成长直至成熟的第一步，也需要个人付出巨大的努力。当你身处服从的角色上，就要遵照命令做事，暂时摒弃个人的利益，把集体的利益放在首位。

在服从命令的过程中，你会对集体的价值观念、运作方式有更加透彻的了解。在服从的过程中，你也会遇见各种难题，但穿过所有困难的考验，你的自信、自尊和自律也会随之更上一层楼。要知道，服从不仅是对组织的忠诚，也是对自我的尊重与肯定。

● 完成任务没有借口

作为军人，无论接到什么样的任务，脑海里的第一个念头都应该是：我必须完成它！

这是一种恪守责任的态度，也是一种奋力进取的精神，更是一份完美的执行能力。美国一位军校指挥官说过："军人只有两种，一种是合格的，一种是不合格的。为什么不合格？因为他们在寻找借口。"面对棘手的任务，要想方设法去完成它，而不是为没有完成找借口，哪怕是看似合理的借口。

1898 年，美国和西班牙战争爆发后，美国总统麦金莱必须跟西班牙的反抗军首领加西亚将军尽快取得联系，可当时加西亚正在古巴丛林里活动，根本没有人知道他的确切地址。这项艰巨的任务，最终落到了美国陆军中尉罗文的身上。当罗文接过那封决定战争命运的信后，没有问："加西亚将军在哪儿？""怎样去找？""怎么把信交给他？"他所想的就是，把信送给加西亚。

临行前，上校嘱咐罗文说："这封信有我们想了解的一系列问题，除此之外，要避免携带任何可能暴露你身份的东西。历史上有太多这样的悲剧，我们没有理由冒险。我们不能失败，一定要确保万无一失，没有人知道加西亚将军在哪儿，你自己得想办法去寻找他，以后所有的事全靠你自己了。"

当这样的情况出现时，当一个人的荣誉乃至生命处于极度危险中，服从是军人的天职。罗文孤身一人辗转前往古巴。途中，他历经了千难万险，在极端艰苦的环境下，以绝对的忠诚、高度的责任感和创造奇迹的主动性，把信交给了加西亚将军。

从罗文身上，我们看到了不找借口、无条件执行、献身使命的精神，而这些都是当代军人必备的优秀品质。在执行命令的时候，军人没有任何借口，必须想尽一切办法去完成它。

莱瑞·杜瑞松许多年前还是个新兵，在第一次被派到外地服役的时候，接到了一个任务。连长要求他到营部去，同时交代了他七件事。这些事情包括，去见上级的一些人，向他们请示任务；申请一些东西，如地图和醋酸盐，当时醋酸盐严重缺货。

从客观上来讲，要完成这七件事非常不易，特别是对一个初次奉派外地服役的学员来说。莱瑞·杜瑞松心里七上八下的，他没有把握把这些事做好，但还是下定决心完成这些任务，无论遇到什么困难，都必须完成！

事情正如他所预料的那样，进展得很不顺利，尤其是在醋酸盐的问题上。负责补给的中士不愿意拨给他醋酸盐，认为没有这个必要。莱瑞·杜瑞松不甘心，义正词严地向那位中士说明理由，希望对方能够从库存中拨一点出来。那位中士开始有些为难了，到底要不要给他呢？莱瑞·杜瑞松一直缠着他，滔滔不绝地说服他，最终打动了对方，让他相信醋酸盐现在对他们而言真的非常重要。

当莱瑞·杜瑞松拿着醋酸盐向连长复命的时候，连长简直惊呆了，根本说不出话来。他知道，自己交给下属的这个任务，根本就是不可能完成的，更何况他只是一名初次奉派外地服役的学员！可就是这个新兵，居然在如此短的时间内保质保量地完成了所有任务。

其实，莱瑞·杜瑞松就算没有按时完成任务，他也可以找到合理的借口。可他没有那么做，在接到任务之后，他心里就有了一个"必须完成它"的信念，这份信念带给了他强大动力和执行力。

对军人而言，有一种使命是用火与血熔铸的，要用生与死来磨砺，它比生命还要可贵，这就是命令。在保卫祖国、献身国防、担负使命时，不找任何借口，必须竭尽所能去完成它。知难而上、永不言弃，这是军人必备的素养。

全力以赴去执行

军令如山倒，军中无戏言。在面对命令和任务的时候，军人首先要做的就是服从，而后是执行，且要全力以赴，以求执行到位。

美国有一位退伍军人，在战场上负伤后回到地方，由于年龄比较大，身体又有残疾，找工作很难，不少单位都拒绝了他。纵然如此，他依然迈着坚定的步伐，寻找着可能的机会。

一次，他来到了美国最大的一家木材公司求职，却被招聘人员挡在门外，说这里不会聘用他。他巧用脑子，想办法通过了几道关卡，最终见到了这家公司的副总裁，并坚定地说："副总裁，作为一名退伍军人，我郑重地向您承诺，一定会完成您交给我的所有任务，请您给我一次机会。"

　　副总裁真的给了他一次机会。不过，那真的算不上什么好差事，而是安排他到美国中部去收拾烂摊子。在他之前，公司派了不少优秀的经理人过去，都没有把这个工作做好，因为那里的客户关系很糟，公司的欠款长期收不回来，整个公司的形象都受到了损坏。

　　副总裁心想：那些优秀的经理人都无法完成这个任务，倒不如让你去试试自己到底是不是那块料。对于副总裁的心思，退伍军人并未过多地琢磨，他只是坚定地说："我会全力以赴完成任务。"

　　第二天，他就起身去了自己要接手的区域。几个月后，他成功地挽回了公司的形象，把客户关系梳理通畅，收回了大部分的欠款。他是怎么做到的呢？

　　现在，让我们看看他在平日里的工作表现，或许就能知道答案了。

　　一个周末的下午，总裁把这个退伍军人叫进了自己的办公室，对他说："我周末要出去办点事情，我的妹妹在犹他州结婚，我得去参加她的婚礼。现在，麻烦你帮我买一件礼物，这个礼物在一家礼品店里，那个漂亮的橱窗里面有一只蓝色的花瓶。"描述完之后，总裁就把写有地址的卡片递给了那位退伍军人。

　　接到任务后，退伍军人郑重地向老板承诺："我保证完成任务。"

　　退伍军人看到卡片的后边，有老板要乘坐的火车车厢和座位。因为老板说过，买到花瓶后，直接送到他所在的车厢就行了。他立刻开始行动，走了很长时间才找到那个地址，当找到地址的时候，他大脑一片空白，这个地址根本不是老板描述的那家商店，也没有什么漂亮的橱窗，更没有那只蓝色的花瓶。

　　如果是你，你会怎么做？跟老板解释说："对不起，您给我的那个地址有误，所以我没能买到那只蓝色的花瓶。"可是，这位退伍军人没有这样想，他向老板承诺了，保证完成任务。他给老板打电话询问，不料老板的电话已经打不通了，因为在北美周末的时间，老板是不允许别人打扰他的，通常他都不会接电话。

该怎么办？时间一分一秒地过去，绝对不能耽搁了！于是，这位退伍军人开始结合地图，用扫街的办法，在距离这个地址五条街的地方，他终于看到了老板描述的那家店。透过漂亮的橱窗，他看见了那只蓝色的花瓶。他欣喜若狂，飞奔过去，到了门口才发现，商店已经提前关门了。

他结合黄页和地址，找到这家店铺经理的电话。当电话打过去后，对方告诉他：我正在度假，不营业。而后，直接挂断了电话。他没有放弃，心想：不管怎么样，我都必须拿到那只蓝色的花瓶。他想到砸破橱窗取花瓶，可等他找到工具回来时，刚好一个全副武装的警察来到了橱窗前。他等了半天，那位警察都没有走的意思，一直站在橱窗前。

这个时候，退伍军人似乎意识到了什么。他再次拨通了该店经理的电话，他第一句话就说："我以自己的性命和一名军人的名誉担保，我一定要拿到那只蓝色的花瓶，因为我承诺过，这关系到一名军人的荣誉和性命，请您帮帮我。"

对方没有挂断他的电话，开始听他讲述人生的经历：为了挽救战友的性命，把战友背出战场，因此负伤落下残疾。那个经理被他感动了，终于派了一名员工，给他打开了商店的门，把那只蓝色的花瓶卖给了他。

事情到这里，是不是该结束了呢？远远没有。在退伍军人正在为买到了花瓶高兴的时候，他一看表，老板的火车已经开了。他连忙给自己以前的战友打电话，说要租一架私人飞机。在北美很多人都拥有私人飞机，最终他找到了一位愿意把私人飞机借给他的人，而后他乘驾飞机追赶老板乘坐的火车。当他气喘吁吁地跑进站台的时候，老板所坐的火车刚好缓缓地驶进站台。

按照老板给的车厢号，他找到了老板，将蓝色的花瓶小心翼翼地放在老板面前的桌子上。而后，他对老板说："总裁，这是您要的蓝色花瓶，祝您旅途愉快。"说完，他转身就下车了，没有多说一句话。

新的一周开始，上班的第一天，老板又把这位退伍军人叫进了自己的办公室，对他说："谢谢你帮我买的礼物，我妹妹很喜欢。你完成了任务，我向你表示感谢。这几年，公司一直在挑选一位经理人，想把他派到远东地区担任总裁，这是公司很重要的一个部门，可之前的选拔一直不太满意。后来，顾问公司出了一个蓝色花瓶测试选择经理人的办法，在这个过程中，多数人都没有完成任务，因为我们给的地址是假的，让店铺经理提前关门，让他最多只能接两次电话……在过去的测试中，只有一个人完成了任务，因为他把橱窗的玻璃砸了，但这与我们公司的道德规范不符，没有被录用。在后来的测试中，我们特意雇了一位全副武装的警察守在那里，而这些都没有阻碍你完成任务的决心。现在，我代表董事会，正式任命你为公司远东地区的总裁……"

什么叫作全力以赴去执行？这就是最好的解释。在面对挑战和危险的时候，依然有保证完成任务的决心和勇气，不给自己留任何退路，不去寻找回旋的余地，始终保持冲锋的力量。现实的经验告诉我们：**硬骨头并不难啃，难啃的是具备啃骨头的勇气！**不要让自己的懦弱，成为阻碍自己变优秀的敌人。

● 人物故事│王百姓：每一次任务，都是与死神较量

生活中，不少人做事都喜欢给自己留后路，总认为一次没有执行到位，没有完成任务，没什么关系，大不了重新再来一次。可你知道吗？对有些人来说，在接到任务的那一刻，他不会给自己找任何重来的理由，他

要求自己必须全力以赴地完成任务，不容许有丝毫的差错。

因为，生命只有一次，而他是与死神较量的人。

·与死神较量的人，只有一次机会

王百姓，全国知名排爆专家，现任河南省公安厅治安管理总队调研员，三级警监，高级工程师。他1969年参军至1985年转业到河南省公安厅至今，已经在爆破、防爆和排爆这个令人肃然起敬的领域工作了近50年。有人统计过，自1987年以来，王百姓亲手排除的1.5万多枚战争时代遗留炸弹、爆炸装置和100多眼爆破作业遗留哑炮，足以装满5车皮。多数废旧的炸弹，或发现于闹市区，或发现于居民区，弹体严重锈蚀，不易分离，引信底火外露，排除难度极大，只要其中一枚发生爆炸，他就会丢掉性命。

正因为此，王百姓有一个特殊的习惯，每次执行任务的时候都要请同事给自己拍一张工作照。为什么要拍这个照片？他解释说："一个是规矩，组织上规定要拍照。第二个，考虑到家庭，万一出事了，给后人留个资料，知道是咋出事的。至少给家人一个最后的交代。"鉴于工作的性质很危险，以至于每次出去执行任务时，他都很少告诉家里人，有时甚至还会对妻子说谎。

这些年来，王百姓究竟处置过多少爆炸现场，排除过多少爆炸物，经历过多少危险，连他自己也说不清楚了。每一次接到任务，他都是无条件执行，这是他的工作，他的职责，他的使命；每一次执行任务，都如同站在生死的边缘线上，必须全力以赴地完成任务，没有任何商量的余地，必须一次执行到位。

排爆，是将社会的危险系数系于一身的职业。在这个特殊的队伍里，王百姓是目前唯一没有伤残，不曾发生过任何事故的全国劳模、全国公安系统二级英模。他创立的有关爆破理论和爆破方法，填补了国内的空白，在国际交流中也让世界同行对他的独到见解、对中国防爆界刮目相看。他用精湛的技术、严谨的作风、高超的智慧和无畏的忠诚，实现着一个

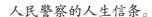

人民警察的人生信条。

·谁都可以出错，唯独"他"不行

1998年6月27日，王百姓在开封出差。突然，他接到了上级的电话，说郏县有一颗炸弹需要排除。接到电话后，王百姓连夜返回家乡，到现场时是凌晨2点多。他拿着手控灯，趴到车底一看，是一枚高智能的遥控汽车炸弹。这枚炸弹在河南省是首次发现，在国内也很罕见，其爆炸威力足以炸毁汽车并危害到周围的民房。

当时，王百姓暗暗捏了一把汗，怎么会出现这样的炸弹呢？天很黑，周围的环境也不熟悉，且犯罪分子还没有归案，一旦惊动了他，很有可能会发生爆炸。看到这种情况，王百姓决定等天亮后再排爆。

第二天一早，天蒙蒙亮，王百姓就到了现场。准备就绪后，他走向了那辆被安装了炸弹的汽车。第一次爬进去，他很快就出来了，因为心跳特别快，情绪不够稳定；第二次进去后，手有点不听使唤，他又退了出来；第三次，他还是退了出来。此时，很多同志说干脆不要拆了，汽车炸了算了。可王百姓没同意，在那个时代，老百姓买辆汽车不容易，说炸就炸的话，怎么都觉得对不住老百姓，不能让"保护群众的利益"变成空谈。

王百姓第四次钻进了车底。这枚炸弹线路密集，里面装有4个雷管，8根雷管线，4根电池线，对他来说，拆除这个装置是一个空前的挑战。这12根线，到底该剪哪一根？一旦剪错了，肯定会爆炸。

在理出头绪后，王百姓开始了作业。他一共剪掉了10根线，最后只剩下两根。此时，他又远距离剪掉了一根，最后的那一根他重新钻到车底剪断。就这样，这颗炸弹被成功地拆除了，全程历经2个小时。

2003年，河北省威县检察院的一位检察官，收到了一份特殊的"礼物"，那是一枚制作精良的炸弹。河北警方想了很多办法，都没能将其拆除，最后这项任务又落到了王百姓的身上。在看了X光拍的炸弹图后，王百姓心里一紧，这样的炸弹在他几十年的排爆生涯中，从未遇见过。

那一刻，王百姓心里想了很多，甚至想到了有可能去了就无法回来。到办公室提防爆服的时候，走起路来都觉得脚步很沉。从来不向人提要求的王百姓，这次向河北的同事提了一个要求，说希望能和妻子吃顿饭再走。可是那顿饭，他一口菜也没吃，临别的时候，两个人都掉眼泪了。谁也不知道，这一去是不是就成了永别。

到了河北威县以后，王百姓一层层地打开炸弹包裹，发现里面放了一个类似茶叶桶的东西。有人提议说拧开，被他果断否决了，他看到盒子外面有个线头，其他的线头还缠在里面。为了安全排除炸弹，王百姓可谓是绞尽脑汁、倾尽全力。他在现场加工了一个无缝钢管，在钢管上截出一个长方形的孔，然后把炸弹放入钢管里，通过无缝钢管上的孔，围着炸弹导线的位置切开一个口，把炸药一点一点地倒出来。

经过了一天半的时间，这枚炸弹才被成功拆除。打开后一看，这个爆炸装置做得相当有水平，若是拧了盒盖肯定会造成伤亡。在场的领导和同志对此大为震惊，多亏听了王百姓的话，否则后果不堪设想。

在无数次与爆炸打交道的经历中，王百姓用自己的生命创造着一个又一个神话。对他来说，选择了这项工作，就要恪守承诺和职责，努力把每一次的任务执行到万无一失。每次排爆时，他都会仔细考虑每一处细节，用他的话说："生命对谁都是只有一次，因为我是一名警察，既然干这个了，就要承担起保证社会治安稳定的义务和责任。"

· 为人民做事，不掺私心杂念

王百姓曾说："人民的利益和党的事业高于一切。作为一名警察，在党和人民需要的时候，没有任何理由打退堂鼓，没有任何理由当逃兵。"这些年，他除了亲手排除炸弹以外，还参与了很多在全国有重大影响的爆炸案件的侦破和查处工作。

2001 年 3 月 16 日凌晨 4 时至 5 时之间，河北省石家庄市发生了一起特大爆炸案：死亡 108 人，伤 54 人，损失之多、影响之坏，都是空前的。案发 3 个小时，王百姓就接到了公安部的紧急通知：火速赶往石家庄！

这是一项紧急命令，王百姓 12 点就赶到了案发现场。经过勘察和分析，他执笔给出了专家组意见，并对炸药种类、装置类型、炸点位置和装药量逐一进行了分析，得出结论：5 个爆炸现场，炸药包装一致，点火方式一致，作案手段一致，侵害目标明确，作案时间接近，是同一伙人所为，完全可以并案侦查。

确定了侦破方向后，刑侦人员把被炸的 5 个炸点的所有住户并在一起分析，很快发现只有一个人和这 5 个炸点同时有关系，如继母、姐姐、前妻、前妻家人等，且他对这些人都很敌视，存在报复心理。

案发 8 个多小时，通缉令迅速发往全国。7 天以后，犯罪嫌疑人在广西落网。在世界刑侦史上，这样的侦破速度也是罕见的。

每一次执行任务，都是与危险打交道，与死神较量。都是血肉之躯，谁能不害怕？平常人只要一次遭遇炸弹，就已经心惊胆战了。王百姓也是一样，他有家庭、有妻子、有儿女，可他头上还有警徽、国徽，他只能把家人的担忧、战友的期盼、国家的重任，一并担起。

从接到任务起，他就知道自己必须完成，也要求自己必须完成。因为，跟死神多较量一次，人民离危险就少几分可能。在 2001 年感动中国的年度颁奖仪式上，评委们给王百姓的颁奖词中有这样一句话，而这也是他排爆生涯最真实的写照："心怀百姓才使他一身是胆，心怀百姓才使他屡建奇功！"

第二章
艰苦磨砺，铸就忠诚

集体利益高于一切

● 家是最小国，国是最大家

战争年代，他们舍生忘死，冲锋在前；和平年代，他们戍守边疆，保卫家园；危急时刻，他们用血肉之躯筑起生命的防线。哪里有危险，哪里就有他们的身影；哪里有需要，他们就义无反顾地冲上前线。他们，就是最可爱、最可敬的军人。

军人和千千万万的普通人一样，也有情有泪，对家有着惦念，只是再多的心酸和惆怅只能咽到肚子里，再多的思念和牵挂都只能默默藏于心。因为他们知道，自己从穿上了军装的那一刻，就注定了牺牲奉献，要对得起头顶上的徽章，对得起祖国人民的重托。

多少军人，无法成为一个守护在父母身边的孩子，也不能成为一个称心的恋人，甚至将来无法做一个陪伴孩子成长的好父亲，可他们无怨无悔，因为他必须先是一个合格的军人。网络上曾经盛传过一篇文章，名为《没有了祖国你将什么都不是》。文章用通俗的语言告诉所有人："家是最小国，国是千万家"、"国家好、民族好、百姓才好"、"家国两相依，有国才有家"。国家的强大与稳定，永远离不开军人的守护！

一个有希望的民族不能没有英雄，一个有前途的国家不能没有先锋。在保家卫国的峥嵘岁月里，多少抗战将士舍家为国。在"中国人民抗日战争胜利 70 周年"之际，一位 91 岁的国民党抗战老兵、黄埔军校同学会会长林上元，接过了习近平主席亲自颁发的纪念章，受邀与国家领导人一起观看阅兵式。回忆起烽火连天的年代，他铿锵有力地说："天下兴亡，匹夫有责。那时我们正当青年，国家危亡之时，每一个血性男儿都应为国效力。"

林上元毕业于黄埔军校，本来有机会留校，他却毅然选择上前线，成为驻防广东曲江的第十二团教导团步炮连的排长。他总是说："没有国，哪有家？这绝不是一句空话。"还寄望年轻人："中国的前途要靠着你们，不要躺在和平上面追求安乐享受，而应发奋图强，以天下为己任，把民族复兴的责任担当起来，捍卫世界和平、维护世界公平正义，这才是对先烈们最好的纪念。"

老一代的革命者，用血肉之躯换来了和平，而现代的军人们，也在用热血和生命延续着维护和平的使命。

年轻的军人吴树铭，2008年和2010年两次作为运输分队的卫生员，远赴西非利比里亚执行维和任务，那里给他留下的印象是：多年内战，民生凋敝，高温炎热，蚊虫毒蛇肆虐，传染病蔓延，道路崎岖难行。他告诉记者，有一次从蒙罗维亚前往某地执行任务，早晨五点多出发，中午最热的时候气温有40度，衣服上的汗渍一层叠着一层。每逢中途短暂休息时，都有成群衣衫褴褛的孩子围着车队，眼神里透着渴望和期盼，把一只手指放在嘴边，他们饱受饥饿的煎熬。很多战士看着都于心不忍，把自己的干粮分给他们。

期间有一件事给吴树铭留下了难以抹去的印象：一个六七岁的小男孩，抱着自己的妹妹，他抢到了五六片饼干，但只吃了半片。吴树铭问他，是不是饼干不好吃？孩子说不是，他要把剩下的饼干留给妹妹。那一刻，吴树铭的心一震：战争带来的贫困给孩子们造成的阴影太可怕了，一个国家如果没有了和平与稳定，那么给个人与家庭带来的只有灾难。

每逢佳节，远在利比里亚执行联合国维和任务的士兵们心里都很纠结，不知道要怎么跟家人说自己在国外的情况。吴树铭记得，那是2008年，他刚去利比里亚执行任务，连续高烧了好几天。眼看着就要过春节了，给家里打电话说什么呢？

那次，他真是强撑着起身给妈妈打电话，嘴里说着自己挺好的，没什么事，可其实是一边抹着眼泪一边说的。在家人面前，自己就是孩子的角色；可是穿上了军装，走出了国门，就是一名"中国军人"，不能愧对这四个字。

两年的时间里，吴树铭表现优异，先后获得了联合国一级和平荣誉勋章和联合国三级和平荣誉勋章。正因为有了执行维和任务的经历，吴树铭对家与国的理解，比过去更加深刻了。他曾经说过一番震撼人心的话，而这也是所有甘愿舍弃小家、守护国家的军人的心声："我们出国维和的服装是头顶着蓝色的贝雷帽，右肩是联合国的标志，代表肩负着联合国赋予的神圣任务；左肩是中国国旗，因为左肩离心脏最近，代表祖国永远在我心中。当我们以军人身份走出国门时，我们代表的不仅仅是个人和家庭了，而是国家的形象。艰难困苦，吓不倒中国军人，国强了，家才能稳，才能幸福安康。"

● 忠于职守，奉献自己

"9月30日，我们这里下了第一场雪。一下雪我就想家，不知道家里的天气如何？爸爸妈妈国庆节快乐！"

"爸，这些年您辛苦了，我离开家已经一年多了，非常想念你。部队培养我成长，我现在已经大了，希望你能幸福，为自己找一个伴吧，为我找一个妈！"

"班长，你已经退伍两年了，在地方好不好？我在这里很好，为战友们烧了四年的锅炉，无怨无悔。谢谢你当初手把手地教我、指导我，今年我的服役期已满，如果可以，我希望能继续留在这里。"

……

这是来自漠河边防团某连的官兵们写下的一封封家书，他们向家人、曾经的战友，传递着自己的思念，也传递着自己无悔于选择驻守边防的信仰。

漠河是我国东北地区版图的最北端，也是我国温度最低、无霜期最短、一年有八个月被冰雪覆盖的地方，这里最低的温度曾经达到过零下57℃。在这里驻守边防的战士们，满心都是对家和亲人的惦念，可他们深知自己的责任，甘愿抵御严寒、忍受寂寞，用行动诠释着对祖国和人民的忠诚。

因为有了他们的坚守，边关才有了坚不可摧的屏障；因为有了他们的坚守，人民和家人才有了安享生活的时光。在不少边防线上，我们都会看到一些墓碑和坟茔，多少先烈长眠在这里，他们离开了，可却化作了一座座丰碑，矗立在新一代戍边战士的心中。

曾经，有位诗人为一位在战斗中牺牲的边防战士写了一首诗——

此时他已经牺牲了，

可是红旗却拌着他的鲜血深深插入了他深爱的土地。

布满弹孔的红旗，

在英雄的手上向着敌人怒吼。

他知道，

红旗决不能倒，

他是共和国的军人。

他死了不要紧，

军人的职责比生命更重要；

他死了，

任由鲜血溶入大地母亲的怀抱，

任由微风把破烂的棉絮吹向缥缈的天空。

他是站着死的，

这是一个民族不屈的脊梁！

一字一句，都是对军人精神最好的艺术诠释。

曾经在成都军区边防某部驻守的一位大学生军人，在巡边守界时经常会遇见毒蛇，每次潜伏执勤还要忍受蚊虫叮咬带来的奇痒。昔日的同学都替他惋惜："不去当这个兵，何来吃这份苦？日夜守着界碑，有什么价值可言？"

其实，有时他心里也有过这样的念头，可在瞻仰了烈士陵园后，他受到了极大的震撼。那些长眠的烈士，牺牲时大多正值青春年华，可是当敌人侵犯了祖国的疆土，对人民的和平生活造成了威胁时，他们选择了冲上前去，把生命融入边关的热土中。他突然领悟到，坚守界碑，就是坚守和平，实现人生的最大价值。

当代的士兵们，大都是在父母的娇惯下长大的，从小过着无忧的生活。离开家，走向边防，尤其是驻守绝境极地，更要挑战生理的极限，这对他们是一个巨大的考验。可就像一位战士在回复父亲的家书中写道的那样："这里的确是一个天上无飞鸟、地上不长草的地方，可也让我有了精神生活的依归。没有经过艰难困苦的磨砺，就不会领悟到生活的真谛。在'生命禁区'守护界碑，不是每个青年都有的机遇，我为能在这里接受艰苦环境的磨砺而庆幸，我为能在这里巡边守界而自豪。巡边守界的经历是一笔弥足珍贵的精神财富，我绝不会轻言放弃。"

是的，每一位驻守边防的军人，都秉承着这样的奉献理念："苦了我一个，幸福十亿人。"他们不是不知道艰苦疲惫，也不是不渴望回家，可为了"大家"的幸福，总要有人去忍受寂寞、承受困苦。在小家和大家的抉择上，他们只能选择守卫界碑，保卫国与家的和平。

没有人生来就是军人，也不是穿上了军装就有了军人的境界。要把自己锤炼成一名优秀的军人，往往要经受各种各样的考验。是什么支撑着他们去克服训练时的艰难险阻，忍受想家的寂寞煎熬？

是对和平的大爱，是对祖国的忠诚，是对人民的责任，也是对人生价值的追寻……是这些让他们义无反顾地驻守着边防。一块界碑，就是一个动人的故事；一名战士，就是一座永恒的丰碑！

● 人物故事｜王　伟：妻儿需要我的肩膀，人民更需要我的脊梁

"怀孕2个月的妻子、岳父、岳母、妹妹……都死了……我很后悔没接那个电话，一个女子在黑暗中，一定很害怕……但我没在她身边……那是我一辈子的悔恨。"

·突如其来的灾难

2010年8月7日晚11时20分，舟曲武警中队副队长王伟接到了妻子的电话。妻子张蓉刚怀孕不久，两个人像往日一样聊起了家常。突然间，王伟听到天空中发出了一阵刺耳的声音，就像是钢筋在水泥路上摩擦一般，脚底下还有震颤和晃动。他对妻子说："我这边有情况，先挂了，你也提高点警惕。"

王伟察觉到了不妙，预感到自己这边会有情况，却没想到电话的那一端，也被灾难笼罩了。当他跑出营房的大门时，完全被眼前的情景惊呆了。

巨大的泥石流像猛兽一样，把大门口的马路瞬间吞没了。他立刻向支队政委报告了情况，随即吹响了紧急集合哨，1分钟之内，73名官兵全部冲出宿舍，整齐归队。此时的营房，开始晃动了，巨大的泥石流翻滚过来，把营房边看守所周围的房屋全都卷了进去。

灾难降临了，在中队领导的指示下，8月7日晚11时43分，中队全体官兵撤离到安全地点。随后，中队将除执勤外的50名官兵组成两支救援队，冲出营区展开救援。

王伟带着20多名官兵冒雨冲入了泥石流现场。此时的天就像裂开了口子，四周一片漆黑，就算打开应急灯，能见度也不足5米。雷声和群众的哭喊声混在一起，洪水和淤泥禁锢着双脚，他们凭借着记忆和呼救声，搜寻着生还者。

8月7日晚11时50分，王伟带领战士们搬开了瓦砾和泥石，在一所倒塌的房子中成功地救出了两名女子。8月8日0时10分，在倒塌的断墙下，王伟透过手电的光亮，依稀看见碎石下露出的一只手臂，人的身体被压在瓦砾下。王伟用手摸了一下，对方的手指尖还在轻微地颤抖，人还活着！他大声喊："快点，还活着，快救人！"他们手里没有任何工具，完全靠手掀开瓦砾。经过了40分钟的奋力营救，总算把那名男子从死亡线上拽了回来。

王伟与战友营救了20多个小时，挽回了23条性命。到了8月8日上午，王伟才拖着疲倦的身躯坐在废墟里，喝上一口水。而此时，他的指甲和手掌间的鲜血，早与泥水混在了一起。此时的他，才想起妻子一家的安危，掏出手机想拨电话，却看到了一个未接来电……

· 一个永远不能接起的电话

未接来电的时间显示是8月8日零时6分，来电者正是他的妻子张蓉。王伟连忙回拨这个曾经打过无数次的号码，却已无法接通；他不停地重拨，却依然没有回应。

王伟回想起来，8月8日0时6分，他正在看守所里转移犯人，环境嘈杂，根本没有听见手机响。他能够想象得到，在无边的黑暗里，妻子该是多么害怕，多么无助，而他却没有接通电话……想到这儿，王伟急了，连跑带爬地来到了妻子娘家所在的三眼村附近的923林场职工家属院。

可是，这里早已不是他记忆中的样子了，眼前全是废墟，没有任何的生命迹象。王伟的脑子里像是爬进了几千只蚂蚁，他知道这次灾难有多么可怕，而妻子的娘家住在一层，还属于洼地。他说："没有希望了！怀孕2个月的妻子、岳父、岳母、妹妹……都死了……我很后悔没接那个电话，一个女子在黑暗中，一定很害怕……但我没在她身边……那是我一辈子的悔恨……我再也没有去过那里，没挖过她，我愧疚！"

是啊，那天晚上，他和战友们先后救出了23名幸存群众，挖出尸体9具，协助交警指挥流通车辆5000多台，引导救援部队40余批，共有5600多名群众得到及时的营救和转移。当时，他的家距离他救人的地方，只有区区的500米！

王伟的手机里，还存着妻子张蓉8月7日傍晚给他发的最后一条短信："亲爱的，今天真凉快，你可以睡个好觉了。"他和妻子结婚半年多，真正在一起的时间就只有7天。为了补偿对妻子的亏欠，他在QQ空间里转载了很多菜谱和育婴知识、女性养生等帖子，为的是将来能够尽到一位丈夫应尽的责任。对美好的家庭生活，对未出世的孩子，他有过许多憧憬，可是这一切，都不可能实现了。

最初的那段时间，王伟根本接受不了这个现实，每天晚上都是到一两点钟才能睡着。可是，眼睛一闭上就会感觉妻子在叫自己，伸着无助的手，而他再怎么用力，就是抓不住她的手。而后，他会惊醒，陷入恐惧中，躲在没人的角落里，嚎啕大哭。

·妻儿需要我，人民更需要我

伤痛在短期内是难以愈合的，王伟只能尽量地克制自己。作为军人，他知道自己不可能带人专门去营救家人，因为舟曲还有很多群众等待着救援。虽然他心里不肯承认这个无奈而残酷的事实，但军人的天职就是保家卫国，义无反顾。

王伟 2000 年入伍，2005 年军校毕业后先分配到陇南支队；2008 年汶川地震后，他参与了一线救援，先后还参与了陇南文县关家沟周边的关家坝、李家坝、滴水崖、庙背后、铁楼沟 5 个自然村的抗震救灾，和官兵一起将 5 个自然村的 267 名群众全部撤离转移，帮助受灾群众抢运粮食 2000 公斤，排除险情 12 处。2008 年部队抽调骨干去藏区工作，他积极请缨，完成了汶川大地震抢险后，6 月份调入甘南藏族自治州支队三中队。

他的大爱忠诚感动了舟曲全体参战官兵和受灾的群众。2010 年 8 月 11 日下午，中央军委领导在看望舟曲救灾官兵的时候，亲切地接见了王伟，赞扬他在家里遭遇困难的时刻，能够服从命令听指挥，诠释了军人的本色。2011 年 2 月，王伟来到了感动中国的录制现场，那段感人至深的颁奖词，令千万人潸然泪下：

"大雨滂沱，冲毁了房屋，淹没了哭喊。妻儿需要你的肩膀，而人民更需要你的脊梁。五百米的距离，这个战士没有回家。那个最黑暗的夜晚，他留给自己一个永远不能接起的电话，留给我们一种力量。"

在大灾面前，他恪尽职守，勇救群众，舍弃小家，援救大家，这种高尚的精神恰恰是源自对祖国、对人民的忠诚。他失去了自己的家人，但也赢得了更多的家人。更令人感动的是灾难结束后，王伟一边抚慰着自己内心的创伤，一边延续他的大爱。他在部队援建的一所爱民小学，主动资助了两名藏族小学生。

王伟是中国军人中的普通一员，可他的精神世界却告诉了世人，军人的情怀和心境有多么无私无畏。在危难的时刻，他们舍弃了家庭，扛起了艰巨的任务，不是没有情与爱，只是在国家人民需要的时候，大爱和忠诚远比儿女私情更重要。这既是王伟已做出的选择，也是千千万万军人没有说出口却无比坚定的选择！

吃得了苦，才扛得起责任

● 磨砺意志，强健体魄

多年前，一位记者随国防大学国防研究班访美时，近距离接触到了诸多美国军官，他们不仅在气质、思维、学识方面引人注目，强健的体魄也令人称赞。据悉，美国人体重超标占 65%，可在记者接触的四位中将、十多位少将以及所有的校尉军官中，没有一人是胖子，他们都是体型均匀、身材修长，精气神儿十足。

当被问及为什么能够保持如此好的身材和体魄时，一位美军少将说了句耐人寻味的话："我们不敢胖呀！美军军官的晋升标准中，对年龄、身高、体重的比例有明确的规定，测试超重则警告，警告无效则免职。美军军官的身体素质，都是在军校期间打下的基础。"

一个国家想要强盛，必须要有强大的国防作为保障，而强大的国防离不开身心素质过硬的军人。很多人不解：为什么军队有时要对士兵进行"魔鬼训练"？实际上，那些艰难的科目，累到要窒息的体验，为的是激发身体的潜能和意志，培养一种精神。我们都知道，意志这个东西不是与生俱来的，它要通过不断地磨炼，积累在身体里，在关键的时刻释放出来。

对军队来说，养兵千日用兵一时。在和平年代，不是拥有了高科技就不再需要人力，军人必须得有好的身体素质和顽强的意志力，这才是"强大"的根本。否则，真正到了演习或战争中，很可能会无法承受突变的环境，心理防线突然崩溃，这样的军队是没有战斗力和生命力的。

委内瑞拉有一所猎人学校，因魔鬼般的训练和电影《冲出亚马逊》为人所熟知。每个国家的学员入学，都会在操场上升起该国的国旗，如果哪个国家有人退出，那个国家的国旗就会降下一次。走进猎人学校，每位军人代表的都是自己的祖国，都在为荣誉而战。

2015 年 6 月，陆军某团副连长白冰在猎人学校看着鲜艳的五星红旗升起，内心难以抑制激动的情绪。他在那里，接受了一场冰与火的考验，终生难忘，却也终身受益。

训练刚开始，校方就拿出了"魔鬼训练"的大招。

连续九天九夜，白冰没有睡过安稳觉，不是被凉水浇醒，就是被催泪瓦斯呛醒。每天只给不足 3 两的食物，却要负重 30 公斤的装备进行拉练。在一次攀登训练中，白冰刚刚登顶，就因为过度疲劳而出现了幻觉，向下坠落的那一刻，他下意识地抓紧攀登绳，从 10 米高处一滑到底，绳子上留下一道长长的血痕，疼得他倒吸凉气。

教官投来不屑的眼神，指着操场边的降旗处对白冰说："是不是要去那儿？你这个懦夫！"白冰嘶吼了一声："中国军人没有懦夫！"简单包扎后，他一跃而起，继续训练。翻高板、过云梯，受伤的纱布逐渐被鲜血染红。攀爬 8 米高的网墙时，因受到伤势影响，他重重地摔倒在地上。医生诊断后，确诊是左膝韧带撕裂，白冰不得不暂停训练。

教官无情地告诉白冰，如果他不参加训练，中国的国旗就要降下来。两天之后，白冰又被告知，如果选择继续休息，校方就要判他退出，这就意味着，五星红旗将当着所有学员的面被降下来。这样的一幕，白冰怎么能够允许它发生，并且是因为自己而发生！

白冰强忍着疼痛，回到了训练场。旁边的外国同伴看到他受伤的手，和一瘸一拐的腿，劝慰他说："都伤成这样了，退出算了。"可白冰却说："国旗就是中国军人的生命，只要生命不息，我就要让中国的国旗高高飘扬。"

为了磨砺特种兵的心理素质，锤炼顽强的意志，校方还安排了"虐俘"训练，用藤条抽得队员满身伤痕，然后在身上涂满蜂蜜，夜晚绑在原始丛林的大树上，白冰深刻地体会到了虫蚁蚀骨的痛痒感。1小时，2小时……陆续有外军特种兵承受不了这样的折磨，主动选择了退出，而白冰却咬紧了牙关坚持着。第二天早上，看到身体已经肿了近一圈的白冰还在坚持着，教官终于向他竖起了大拇指。

在猎人学校，白冰度过了半年多的时间。对待所有的训练科目，他都拿出了钢铁般的意志和铁血的精神，无论是水上机降、战斗潜水，还是野外生存，都没能吓倒和难倒我们这位可爱的中国军人，他最终以拔尖的成绩，被校方誉为"坚强的中国军人"。

特种兵接受如此残酷的训练，为的是什么呢？就是为了能在真正的战斗中，少受伤，在遭遇危难的时候，可以保持顽强的意志，有生存下去的能力。一人如此，一支军队更是如此。当士兵们精力旺盛、体能充沛地去应战时，往往更容易得胜。只有平时多流汗，上战场才能少流血！

● 危难面前决不退缩

那是一个寒冷的冬季，一座城市被敌人紧紧地包围了。如果在第二天下午之前，援兵无法赶到的话，情况会很糟糕，整座城市都可能被敌人践踏，直接危及国家的命运。守城的将领决定，派一名勇敢的士兵渡河到对岸的另一座城市求助。

士兵接到命令后，一刻都不敢耽搁，马不停蹄地来到了河边的渡口。平日，渡口都泊着好几条木船，可自从战争开始后这一个月来，所有的摆渡者都逃难去了。士兵很着急，没有船怎么渡河呢？时间有限，如果今天过不了河，搬不来救兵，明天整个城市就可能被攻陷了，战友们都将成为俘虏，百姓更是可怜。

士兵站在岸边，眼见着太阳落山了，夜幕降临。冬天的黑暗和寒冷，加剧了他的恐惧和绝望。要不直接游过去吧！可是，河面足足有几百米，刺骨的河水只会让自己葬身在河底。这简直成了士兵一生中最煎熬、最纠结的一个夜晚，在这个巨大的拦路虎面前，他觉得自己走投无路了。屋漏偏逢连夜雨，不一会儿，竟然又刮起了北风，下起了鹅毛大雪。

这是一个勇敢的士兵，他不想背负逃兵的标签。面对刺骨的寒冷，他没有退缩，哪怕一分钟。想到自己肩负的使命和整座城里的百姓，他告诉自己一定要坚持。他盼望着，等到天亮也许会有船，哪怕是微乎其微的可能，也一定要坚持。

他缩成一团，紧紧抱着同样被冻得瑟瑟发抖的战马，相互取暖。他更感受到，自己的气息越来越微弱。面对漫长的黑夜和刺骨的寒冷，他的心里只有一个声音：不能睡，要醒着，要活着，要完成任务！

终于，黑夜过去了。当他气息奄奄地睁开眼睛时，天空已经露出了鱼肚白。他拍拍身上的雪，站了起来，抚摸一下同样勇敢顽强的战马。时间不允许他们休息，士兵牵着马走到河边。他惊奇地发现，昨天挡在他面前的那条大河，已经铺满了雪，结了厚厚的一层冰。

士兵尝试着在河面上走了几步，惊喜地发现，冰冻得很结实，完全可以从上面走过去。欣喜若狂的他，牵马轻松地走过了河面。最后，他搬来了救兵，保住了城市，而他也被授予了勇敢者的奖章。

这是一个关于勇士的故事，也是很多军校经常用来教育学员的案例。军人的生涯不是一帆风顺的，选择了这个职业，就不能踏上看似安全的退路。在训练场上，在战场上，逃避是懦弱的表现。无论面对什么样的困难和痛苦，都要积极前进，逃避的人是没有前途的。

在不少军事和体能训练中，士兵们都要参与高难度、高惊险的训练活动，这是为了提升克服困难、战胜自己的勇气。

所有的士兵都知道某项任务该怎么做，也都反复练习，可每次真正挑战的那一刻，还是忍不住犹豫，或是有短暂的停顿，可没有人会选择做逃兵。最后，每个人都会鼓起勇气，奋力完成，去克服心中的恐惧。

对一些强度较大、有些危险的训练，很多士兵会觉得吃不消，甚至用狂奔和喊叫的方式来逃避内心被扩大的恐惧。但其实，所有的危险和困难都没有想象中那么难以克服。在进行训练前，教官早已经仔细检查过每一个障碍，知道什么时候该喊停，什么时候要保持沉默。克服困难的过程，就是磨砺身心意志的过程，也是提升勇气的过程。体验过了恐惧，才能学会在不断有恐惧出现的时候，依然保持沉稳和镇定。

没有恐惧，勇气是培养不出来的，意志是锤炼不出来的。在战场上，没有勇气的士兵，注定会成为逃兵。所以，在面对高强度的训练、看似难以跨越的困难时，咬牙坚持住，所有的优秀将领、英雄人物都是这样成长起来的，绝无例外。

● 人物故事 | 梁万俊：人在最关键的时刻，要保住最重要的东西

这是一个试飞员的感人事迹。

试飞，不同于一般的飞行，新型战机的研制定型，就是通过一系列的试飞来检验设计标准。每次飞行，都要求试飞员将战机的技术性能飞到极限。换句话说，试飞员不但要完成高难度、高风险的飞行科目，还要随时准备应对突发的意外情况。

有一位空军特级试飞员，他安全飞行了近2300小时，先后完成了数十项重大科研任务，成功处置多起重大空中特情，为国家挽回了巨额的经济损失，赢得国际声誉，先后荣立一等功1次，二等功2次，三等功5次。

他，就是空军特飞员、某试飞部队队长梁万俊。

·惊天一落，震撼中国

2004年7月1日，四川成都，经过了一夜的风雨洗礼，万里晴空，是个试飞的好日子。

空军某部特级试飞员梁万俊，早早地来到了飞机场。准备完毕后，下午1时09分，他登上了新型战机，执行"加力边界"科目试飞任务。飞机很快滑出跑道，14分钟后，迅速爬升至12000米的高空，此时飞机距离机场120公里。

当梁万俊完成了第一组试验后，意外发生了。

他按照规定做完了加力边界动作后，突然发现油量指示异常，功率箱油量本来不应该动，可它却在往下降。梁万俊瞬间判断，飞机漏油了，随即就向指挥员报告，同时关加力，调转机头对向了机场。在这一系列动作完成的同时，听筒里传来了指挥员"立即返场"的命令。

在返航的过程中，飞机漏油的情况超出了所有人的意料，仅仅4分钟的时间里，油量就从550升下降到129升。当他们还没来得及对飞机漏油做进一步的判断时，飞机油箱内的油已经全部漏完了，此时飞机的高度已经从12000米下降至4800米，距机场20公里。

出现了如此严重的故障，飞机失去了动力，就相当于成了一个自由落体。所有人都觉得，飞机是回不来了。当时的情景，梁万俊记忆犹新，他说："一般有动力的时候，下降过程中，我们控制的话，速度在500~600米的时候，它下降率一般十几米，那么我这个没动力就是20多米，比正常的速度下降快。这个就是一个特殊情况，你紧张都没有用，紧张对我没有帮助。"

从事飞行工作20年，虽然也经历过不少的突发事件，但这一次的空中停车无疑是他遭遇到的最大的困难。当飞机急速下降到4300米时，梁万俊要是选择跳伞，没有人会提出异议，可是在那一瞬间，他做出了另一种选择："我要迫降，把这架飞机带回去。"

空滑迫降？这在世界航空史上都是极为少见的，选择迫降就等于选择了危险。在这样的情况下，任何万分之一的疏忽，都可能会机毁人亡。梁万俊心里自然也知道这些，可他想的是，科研新机关系着我国在国际航空界的声誉，关系着无数科研人员的心血，很可能会影响战机研制。

这时，飞机距离机场仅11公里，失去动力的飞机和机场是180度对角，若空滑至地面，必须依靠电能调整飞机姿态，完成三转弯，把机身对准跑道。梁万俊心想，一定要保全试验数据，保住科研新机，哪怕只有万分之一的希望，也得尝试！他决定了，开始高空远距迫降。

在部队领导的支持和引导下，梁万俊精准地修正着飞机的速度和高度偏差，平稳地驾驶着飞机穿过云层，向机场方向飞去。1分钟后，飞机出现在机场上空，降落的机会只有一次，必须一次性成功。

13时43分，随着一声口令，梁万俊操纵着飞机对正跑道，飞机成大锐角，以每小时361公里的速度风驰电掣般地扑向跑道。所有人都屏住了呼吸，目不转睛地盯着梁万俊驾驶的飞机。飞机以超出常规100公里的速度接地，刹车、放伞，在巨大的轰鸣声中轮胎刹爆，拖出两道长长的轮印，最后稳稳地停住！

所有人都激动起来，大家相互拥抱、击掌、欢呼、流泪，该型战机的一位老专家，抱着梁万俊失声痛哭。因为，他半辈子的心血都在这架飞机上，而梁万俊保住了它！

·关键时刻保住最重要的东西

"鹰是天空中最娴熟的飞行家，但是他却有比鹰还要优秀的飞行技能。万米高空之上，数险并发之际，他从容镇静，瞬间的选择注定了这次飞行像彩虹一样辉煌。生死关头，惊天一落，他创造了奇迹！为你骄傲！中国军人，钢铁是这样炼成的。"

这惊天一落，让梁万俊成为 2004 年感动中国人物之一！

他避免了一次重大事故，带回了宝贵的试飞数据，缩短了科研进程，也挽救了整个项目。不管从哪方面说，他的这一落都是世界航空史上的一个奇迹。

有人问梁万俊："为什么要尽最大可能把飞机带回去？这是一个很危险的决定。"

梁万俊沉思了片刻，说了一句话："人在最关键的时刻，要保住最重要的东西。"

随后，他讲了自己生活中的一件事情：一年春节，他和妻子带着刚满一岁的儿子去看望岳父母。抱着孩子的梁万俊刚走到岳父家门口，因走廊灯坏了，一脚踩空，和儿子一起从楼梯上摔了下去。妻子吓坏了，可走到亮处一看，儿子毫发无损，而梁万俊的后背却摔得青紫，膝盖也受了伤。原来，就在摔倒的那一瞬间，他本能地把儿子举在上面，自己的背部先着地了。后来，他跟妻子说："作为试飞员，关键时候肯定什么也来不及想，脑子里唯一的念头就是，要保住'最重要的东西'，关键时刻对待飞机就像抱着自己的孩子一样'死守不放'。"

生命可贵，仅有一次。可是，作为空军试飞员，肩上扛的是一个时代的重任，是国家的荣誉，也是千万人民的利益。他没有理由在关键的时刻选择保住自己的生命，放弃科研成果，放弃全军荣誉。

· 勤学苦练，争做精兵

梁万俊的惊天一落，绝非偶然的成功，那是优秀的飞行技能、过硬的心理素质、强烈的责任心融合在一起的结果。如果没有平日里的勤学苦练，就不可能在危险来临之际，从容镇定地应对，创造出惊天的奇迹。

有一年，梁万俊在组织新机理论学习时，被一名试飞员提出的关于发动机原理方面的问题卡住了。虽然那个问题属于飞机设计专家领域的知识，可还是引起了他的反思：要做一名优秀的试飞员，必须对飞机的整体与局部、系统关联和设计制造都有深入的了解，只有这样，才能在遇到紧急情况时从容应对。

此后，梁万俊放弃了大量的休息时间，开始收集整理资料，自学军事、科技、航空等方面的知识，学得越多，越觉得自己欠缺得多，这种压力促使着他不断进步。2005年，他被评为"全军自学成才十大标兵"。

事实上，飞行员的淘汰率是很高的，能够当上飞行员的，往往都是尖子里面的尖子。1982年，与梁万俊一起入伍的航校那批同学共100人，而今仍然在飞行的就只剩下两三个人，当试飞员的只有他一个。从这个数字上看来，他似乎是无数次淘汰筛选出来的，应该可以松口气，可他知道，试飞员驾驶的都是最先进的科研样机，如果因为自己操作不当而出现问题，那就面临着和飞机一起被淘汰的危险。只有不断地要求自己进步，补充学识，锤炼技术，才能成为自己所在领域里的精兵！

忠诚奉献，唱响动人的高歌

● 忠诚胜于能力

第一次世界大战期间，美国陆军部长牛顿·贝克将军说过这样一番话："在处理日常事情时，有些人也许因为工作的不精确甚至不真实，受不到同事的敬重，或者受到法律起诉的烦恼。但是，作为一名军官，如果他的工作不精确、不真实，就是在玩弄他伙伴的性命，损害政府的荣誉。严格的组织纪律，与其说是一种骄傲，倒不如说是西点的一种教育手段。依靠它来培养学员，使他们具有一丝不苟的忠诚。"

忠诚对军人而言，不只是自尊自豪的问题，而是一种绝对的需要。任何一支军队，唯有在忠诚的基础上，才能形成共同的价值观，才能具备强大的战斗力，否则就会变成一盘散沙。对领导者来说，他宁肯选择一名忠诚而能力一般的士兵，也不会选择能力强而别有用心的人。前者值得培养，后者却可能成为集体的背叛者。只有忠于职守，不图私利，才能把任务完成得尽善尽美。

1861 年 4 月 12 日凌晨 4 时 30 分，伴随着萨姆特堡的隆隆炮声，蓄势已久的美国南北战争爆发了。战争爆发后，南方奴隶主率领的军队包围了萨姆特堡。北方军队的一位陆军上校接到命令，一定要全力保护好军用棉花。接到命令后，他立刻向上级保证："我不会让一袋棉花丢失。"

没过多久，美国北方的一家棉纺厂派代表来找这位上校洽谈，对方说："如果您能睁一只眼闭一只眼，我会给您 5000 美元作为酬劳。"陆军上校丝毫没有动心，而是痛骂了那位业务代表，把他和随从全都赶了出去，大声地斥责说："你们怎么会有如此卑劣的想法？前方的战士正在为你们拼命，为你们流血，而你们却想拿走他们的生活必需品。快点给我走开，不然我就要开枪了！"

受到战争的影响，南方农场主的棉花无法运送到北方，又有一些需要棉花的北方人来拜访这位上校，许诺给他 1 万美元作为酬劳。这一次，上校的儿子患了重病，已经花掉了家里大部分的积蓄，就在几天前，他又收到妻子发来的电报，说家里已经快要没有钱支付医药费了，还请他想想办法。上校心里很清楚，这 1 万美元对他来说，就相当于儿子的性命。可即便如此，他还是像上次一样，把试图贿赂他的人赶走了。因为，他心里始终记得自己向上级的保证："不会让一袋棉花丢失。"

不久之后，贿赂他的人又来了，这次给出的酬劳是 2 万美元。这一次，上校没有痛骂他们，而是平静地说出了心里话："我的儿子正发着高烧，耳朵听不见了，我很想收下这笔钱，可我的良心告诉我，我不能这么做，不能为了我的儿子害得十几万士兵在寒冷的冬天没有棉衣穿，没有被子盖。"听了上校的话，那些人不禁佩服他的崇高品格。他们没有多说，惭愧地离开了上校的办公室。

后来，上校找到自己的上级，坦白说："我知道自己应该遵守承诺，可我的儿子生病了，需要钱，而我现在的职位又受到很多诱惑，我怕自己有一天把持不住自己，收了别人的钱。所以，我恳请您派一个不急需用钱的人来做这项工作。"上级非常赞赏他忠诚正直的品行，批准了他的辞职申请，又帮他筹集到了为儿子治病的医药费。

而今，我们的身边，也有很多这样的忠诚守卫者。空军装备研究院某所退役航弹处理站的官兵，34 年如一日，每天都要上"战场"，日日穿硝烟，危险无处不在，死亡如影随形。每次执行任务，他们都会写一封遗书，担心再也回不来。一位 39 岁的排弹专家，在第六封遗书里给父亲写道："不再骗你们了，这次还是排弹，不是去开会；如果回不来，下辈子再好好弥补你们，一定做到忠孝两全。"

这，就是军人的忠诚。

他们默默行走在没有战争的硝烟中，为祖国减少隐患，用行动诠释信仰。忠诚无法延续生命的长度，却可以升华人生的高度；忠诚无法丈量生命的长短，却可以称出信念的轻重。无论是血与火的战场，还是和平的年代，军人都有着义无反顾、视死如归的品质，也正因为有了他们在平凡岗位上的牺牲奉献，才让我们有了享受美好生活的资本。

● 奉献的礼赞

什么是奉献？

在中越边境自卫反击战前，一位即将踏上战场的青年军人，在离家时被新婚的妻子哭泣阻拦。他恼怒了，吼道："哭什么哭？要嫁给当兵的，就得准备做寡妇。"随后，一把甩开妻子的手，大步流星地走出了家门，身后只剩下妻子的哭喊："我等你回来，等你回来。"

后来，这位青年军人真的回来了，胸前挂满了军功章，只是脸上多了一副墨镜，他的双眼永远都看不到了。妻子抚摸着他的脸说："以后，我就是你的眼。"他们回到家乡，相濡以沫，度过了几十年。

这些年里，他们没有向任何组织提出过特殊照顾的要求，也没有轻易地提起过他的过去，完全是自食其力，过着贫寒的生活。直到有一天，这位老军人向南方洪灾地区捐献出 1 万元，才引起了当地媒体的注意。失明的英雄为灾区捐献巨款的消息，很快传遍了大街小巷，人们这才知道，原来他们的身边生活着一位英雄。

当有记者采访这位老军人时，他说了很多，其中有一句话最触动人心："我虽然退伍了，但脱下军装，我仍旧是一名军人。我无法到抗洪一线去，但我仍旧要为国家贡献自己的一份力量。"他的一生没有轰轰烈烈的大事迹，可他却用行动诠释了什么叫作忠诚与奉献。

1998 年抗洪救灾时，为了躲避洪峰，一位被迫转移的妈妈无意间看到了正在参加抗洪抢险的儿子。那一刻，望着自己阔别了整整三年的儿子，妈妈百感交集，她多想拉一拉儿子的手，摸一摸他的头，说上两句心里话。可是，她没有想到，无论她怎么呼唤，儿子只是回头望了她一眼，又义无反顾地和战友们冲上了抗洪大堤，没有跟她说上一句话。妈妈哭了，她怎么也没想到，自己养育了近 20 年的儿子，居然会不认自己的妈妈。许久以后，妈妈收到了儿子的来信："亲爱的妈妈，原谅我吧！险情重于泰山，因为我穿着军装，戴着党徽，我首先是共和国的一名军人，是一名共产党员，其次才是您的儿子呀！"

还有一个普通的村团支书，为了组织抗洪救灾，帮助灾民早点渡过难关，他三天三夜都泡在泥水里，跟洪峰搏斗。第四天，他拖着疲惫的身躯步履艰辛地回到家，告诉母亲说："我好饿，好想吃一个荷包蛋。"说完，他就沉沉地睡去了，这一觉再也没有醒来。他走了，可在他身后的足迹里，却写满了一个共产党员的价值与追求。

一个个真实的故事，一个个鲜活的生命，他们用实际行动来解释奉献，远比用语言来说明更精彩，更形象。军人，从穿上军装的那一刻起，就以保家卫国为职业，以枪弹武器为伴侣。战争年代，死神随时威胁着每个军人，而他们在生死抉择面前，愿意奉献自己的一切；纵然到了和平时期，执行军事训练、备战执勤、抢险救灾……他们依然愿意走在最前面，用鲜血和身躯作为堡垒，守护着国家和人民的利益安危。

军人的奉献，不只是在战场和灾区，也不仅仅是流血牺牲。在工作中，他们不可以离开自己的岗位去谋求私利，不能像普通人一样自由地安排业余生活，更多的情况下，他们要听从指挥，驻守在深山老林、戈壁沙漠、荒郊野岭、孤岛边陲。他们也有家，有亲人，要承担家庭的义务，但因为身着军装，不得不与家人两地分居，甚至要牺牲个人家庭的某些幸福。

军人的岗位是平凡的，可他们的伟大，恰恰就在于在平凡中积极地做着贡献，创造着一个又一个的不平凡。

一位普通的女军医，年仅 30 岁就身患癌症，她完全有理由病退，可她却一边做化疗，一边为战士们做心理疏导工作，被战士们称为"知心大姐"。

西藏乃堆拉哨卡的一位指挥员，妻子在家生孩子，他几次准备回去探亲，都因工作紧张没能如愿。妻子来信说，儿子长得很漂亮，很像他，就是没见过父亲。当上级第三次批准他回去探亲休假时，天已经开始下雪了，高原地区缺氧严重，他不放心战士，晚上不顾身体的疲劳和悬崖峭壁的危险，把 6 个阵地哨口全都查看了一遍。当查完最后一个阵地，把一位战士破了的衬衣补好，返回连部途经一处险峻地段时，不幸跌落悬崖。他牺牲的第二天，刚好是中秋节，这一天他的妻子寄来了孩子的照片，说希望他能在儿子周岁之际，回来看看他……可是，他永远回不去了。

平凡的岗位，不平凡的奉献，他们都在自己坚守的阵地上，实现了一名军人最崇高的价值，诠释了奉献的真意。这种默默无闻的牺牲，和枪林弹雨中的牺牲相比，同样光荣，同样高尚，同样伟大！

● 人物故事 | 李文波：二十年的坚守，站成了任凭风浪的礁石

"二十年的坚守，你站成了一块礁石，任凭风吹浪打，却只能愧对青丝白发。你也有梦，可更知肩上的责任比天大。你的心中自有一片海，在那里，祖国的风帆从不曾落下。"

上面的这段话，是献给中国海军南海守礁士兵李文波的。他是南沙守备部队永暑专业队海洋气象分队的工程师，技术 6 级，专业技术大校军衔。他在南沙工作 21 年，先后 29 次赴南沙执行海洋气象观测和驻守永暑礁的任务，累计守礁时间达 8 年零 1 个月，创造了守礁次数最多、时间最长的纪录。

· 不忘初心，我有我的骄傲

1985 年，李文波从中国海洋大学毕业。当时，国家海洋局和中科院青岛海洋研究所纷纷向他抛出了橄榄枝，而李文波却毅然决然地选择了军营。他说："我从小就喜欢当兵，三个哥哥想当兵都没当成，我能去当兵，便实现了我的人生理想。"

李文波如愿以偿了。他成了所在专业唯一去部队工作的大学生，被分配到宁波市的东海舰队某海测船大队，做了一名从事海洋调查工作的技术军官。1991 年 6 月，李文波主动申请调到新组建的南沙守备部队；次年 9 月，他乘舰第一次来到了永暑礁，此后没有再离开。

当时，市场经济的浪潮刺激了人们的物质欲望，很多人都下海经商了，并赚到了大量的财富。那一年，李文波回老家探亲，恰逢大学同学聚会。毕业多年，昔日的同窗有的成了国家机关领导，有的成了企业高管，有的自己开公司做了老板，还有的移民海外。当得知李文波还在南沙守礁时，

同学们都很惊讶。其中，有一位当领导的同学跟大家合计，说帮李文波调职，换一个好点的环境，但李文波谢绝了同学的好意。

至于原因，他私下里说："虽然我的同学有的成了大款，有的做了大官，可跟他们比起来，我并不差。因为，我对国家做的贡献一点也不少，我也有自己的骄傲，起码我给我的国家和所处的时代留下了痕迹。"

同学的好意可以毫不犹豫地谢绝，亲人的恳求却让他无比纠结。当年，是他劝慰妻子及其家人，让妻子离开家乡，与他一同来到湛江。2001 年，李文波的母亲不幸瘫痪了，因为怕耽误他的工作，就一直没告诉他。直到 2003 年他回去探亲，才知道母亲已经在床上躺了三年，那一刻他忍不住失声痛哭。

不久后，李文波的岳父也患病瘫痪了，作为家里唯一的女儿，妻子希望能在父母需要的时候帮帮他们。可是，此时的李文波需要马上守礁，上学的儿子也需要照顾，妻子根本无法回老家。无奈之下，她只好恳求丈夫。

到底是转业回家，还是坚守在南沙？李文波陷入了痛苦的挣扎中。

当时，如果提出转业的话，按照他的条件，肯定是没问题的；如果继续留在部队，马上就得去执行守礁任务。李文波做了最后的决定，打起背包奔向了那熟悉的礁盘，他想："我不能做逃兵，我娘、我哥能理解我，妻子也应该理解我。"

在关键的时刻，选择南沙，选择坚守，这是李文波内心的声音，也是他为国家做出的牺牲与奉献。对家庭来说，他是有做得不周之处，可他知道自己首先是一名军人，其次才是父母的儿子、妻子的丈夫，用他自己的话说："对孩子、对妻子的亏欠只有等到退休再补偿了，但只要穿一天军装，我就要像钢钉一样，牢牢铆在南沙的礁盘上。"

·把南沙当家建，把守礁当事业干

李文波刚调入南沙守备部队时，由于面对的是新岗位，很多东西都需要去学习。他认真研究《海洋观测规范》《地面气象观测规范》等知识，利用假期到高校和科研院所查询资料、请教专家教授，不断地提升自身的专业能力，逐渐成了部队里有名的气象"活预报"。

他对永暑礁海洋气象观测站建站以来所有的气象数据都进行了分类统计和分析研究，撰写了《南沙海区季风过渡期风的特点》、《南沙海区海浪年内变化特征》等多篇论文；还带领分队干部编写了十万多字的《南海水文气象观测教材》，作为南海舰队水文气象观测专业通用教材。

南沙的气象复杂多变，倘若预报不准，就会给战备巡逻、物资补给带来极大的困难，也会给值班的舰船造成危险。李文波带领分队人员对南沙海区天气的变化规律，包括一些灾难性天气，进行了细致的分析，总结出了一系列准确预报天气变化的规律，为值班的舰船和守礁部队提供了准确的气象参考。20多年来，由他带领的海洋气象观测站累计向联合国教科文组织和军内外气象部门提供水文气象数据140多万组，创造了连续7000多天无差错的纪录。

李文波曾经说："小数据连着大气象，必须确保每一组数据精准无误。因为，那不仅是一个气象工作者的职业道德，更是中国对联合国教科文组织的庄严承诺。人，一撇一捺而已；如何做好这个人，却不简单。要做到顶天立地，心中不能只有自己！"

2005年12月底，强热带风暴肆虐南沙海域，海风高达9级，李文波马上向领导建议："风力还会加大，赶快通知附近渔船进港。"在守礁官兵的帮助下，在附近作业的两艘渔船靠上礁盘码头，船上20多名渔民安全登礁。

李文波的这些业绩，真的来之不易。曾经，为了安装海气边界层观测系统，李文波带领分队的官兵扛水泥、搬器材，通宵达旦地摸索施工。建站之初，气象报表全部都靠人工填写，既要精准又要字迹工整，着实是一件很磨性子的工作。后来，李文波买了一台旧电脑，四处求教，最终设计出了南沙第一套水文气象月表程序，大大简化了制表流程。

2009年8月，在一次巡察中，李文波发现国家海洋局设在永暑礁的水准点地基出现了裂纹，为了不影响南沙海区内潮汐表的准确性，他立刻带领分队官兵对水准点进行复测和校准，在近三海里的距离上，每10米测一次。一天下来，李文波的双脚全是被礁石划出的伤痕。可是，他从来没有抱怨过，而是说："我不是不懂享受生活，只是心里实在舍不下这份南沙情、观测爱。"

·舍弃"小家"，奉献"大家"

在南沙巡防区工作20多年，李文波先后有10个春节都是在那里度过的。

1992年9月，在家休假的他接到了部队的通知，舍下刚刚满月的儿子，就去南沙执行守礁任务了。3个月后，家里告知孩子持续高烧半个月了，怎么都不退，转了多家医院也不见好，生命垂危。

李文波很担心儿子，可当时礁上气象分队只有他一个干部，他不能走。这一待，就到了1993年3月。由于常年守礁，他很难顾及家庭，期间先后有六位亲人去世，都没能赶回去尽孝。2005年9月，李文波回家看望已经卧床已久、危在旦夕的母亲，只陪伴了老人十天，就接到赴南沙守礁的命令。回到部队的第二天，他的母亲不幸辞世。那天夜里，李文波一个人走到后甲板，面朝北方，长跪在甲板上失声痛哭。半年后，当他从南沙守礁回来，母亲的坟上已经长满了青草。

这20年来，李文波自觉亏欠家里太多太多。当年，他在新婚的第五天就来到南沙，上礁后音讯全无。他算过，结婚20多年来，与妻子真正在一起的时间不足3年。结婚以来，他没有陪妻子逛过几次街，没有陪她出去旅游过，就算是相隔不远的海南岛，妻子跟他说过无数次，他也未能满足爱人的心愿。他说："对孩子、对妻子的亏欠，只有等到退休再补偿了。但只要穿一天军装，我就要像钢钉一样，牢牢铆在南沙的礁盘上。"

·寂寞守礁人，一生无悔

守礁是寂寞的，尤其是李文波所在的气象分队，每天跟气温、湿度、潮汐等各种数据打交道，更是枯燥乏味。可是，比起在后方的安稳生活，他却很享受这种寂寞又充实的日子。

在战友眼里，李文波是一个沉默少言、淡定如水的人。曾经跟李文波同期守礁、同住一个寝室的战士小李，说起他们在永暑礁住过的那间大气波导室，记忆犹新。在那间10平方米的房子里，只有一张上下铺的床和简易的桌椅、柜子。小李对李文波的感觉，就像是对父亲一样，既有尊敬又有怕。3个月的时间里，他们很少交流，也没说上几句话。

不过，李文波爱读书的习惯，给小李留下了深刻的印象。他说，李文波绝大部分时间都在看气象专业的书，每天都要看到很晚，熄灯后就月台灯看。后来，李文波自己说，读书不仅仅是因为兴趣，也是因为寂寞。永暑礁的建筑面积，不足一个足球场，几分钟就能逛一圈，在上面一守三个月、半年、九个月，实在没有什么新鲜事情可以说。

在沧海孤礁坚守2900多天，这绝非常人可以忍受的。建礁初期，条件很艰苦，天气非常热，湿气重、盐分高，没有空调，缺乏淡水，蔬菜不足，人上礁后没多久就会口舌生疮。精神上的孤寂，更是折磨人。当时，有几只军犬被带上礁，结果不到3个月，有的得了风湿病站不起来，有的得了抑郁症，见谁都疯叫。

恶劣的自然环境侵蚀着守礁人的身体，李文波的风湿病也很严重，可他依然一次不落地坚持守礁，还经常替战友值班。有人问李文波："你这样拼着命在南沙守礁，到底值不值啊？"李文波说："南沙守礁是我一生的荣耀，就算下辈子坐轮椅，也没什么后悔的！"

　　这个普通的军人，把理想和忠诚刻进了心里，扎根南沙，坚守在气象工作的第一线，埋头苦干，甘于奉献。虽然也有过痛苦无奈，也曾泪流满面，也曾心酸愧疚，可他依然执着前行，秉承着"将士受命之日，则忘其家；临阵之时，则忘其亲；击鼓之时，则忘其身"的原则，在观天测海的岗位上散发着耀眼的光芒。

　　李文波用自己的坚守，生动地演绎出了忠诚于党、奉献于民的核心价值观，他也用自己的经历告诉每一个知道他的人：人生的高度在于过程的坚守！

第三章

敢于担当，一生无悔

忘我付出，无愧肩上的责任

● 不同的责任，相同的奉献

人最宝贵的是什么？我们听到最多的答案，恐怕就是"生命"二字了。因为，生命对于每个人来说，都只有一次，自当无比珍惜。然而，对于一名军人来说，当使命需要的时候，他们甘愿透支生命，甚至献出生命。

一名十八岁的战士，在冲锋的时候被打断了一条腿。他抬头一看，周围的战友们一个个都倒下了，他把自己的腿扔到一边，抓过冲锋枪一点点地往高地上爬。到最后，血流干了，牺牲了，到死的那一刻，依然做着瞄准射击的姿态。

他不知道生命不可逆么？当然知道。可他更明白，自己是一名军人，绿色的军装承载着对党、国家、人民的神圣责任，一份奉献和牺牲自我的义务。在战场上，军人就应该拿出舍生忘死的态度。

我国某艇执行远航战备巡逻任务期间，反应堆舱冷却系统突然发生了故障，炽热的蒸汽在强大的压力下顿时充满了整个舱室。很多人都知道，反应堆舱存在放射性物质，长时间进堆舱抢险，就等于在用自己的身躯"堵枪眼"。船上由10名队员组成了抢修队，机电长孟昭旭排在第一个，带领大家进堆舱抢险。由于时间有限，他重进堆舱后，很快就确定了故障部位，在排除故障的过程中，经过测量和计算的规定轮换时间到了，考虑到其他战友接手还需要了解前面的工作，他不顾舱外战友的催促，毅然把危险留给了自己，一鼓作气排除故障。直到战友们将其强行拉出堆舱，时间已经超过了规定时间的两倍多。

对孟昭旭来说，舍生抢险已经不是第一次了。在担任副机电长时，有一次，核潜艇顺利完成了多项海上试验任务，当全体官兵沉浸在胜利的喜悦中时，蒸汽管路突然发生了泄漏。危急时刻，孟昭旭大喊了一声："大家不要慌，让我来！"他迅速摸索到主机操纵台，排查漏点，关闭气源阀，避免了一起重大事故。完成这一切后，他自己却晕倒在地上。

平日的忘我付出，使得孟昭旭的身体严重透支。45岁那年，他永远地离开了自己的战友。临终前，他反复地说："感谢党组织的培养，我选择干核潜艇无怨无悔，死而无憾。"同时，还嘱咐自己年幼的儿子将来要去核潜艇部队当兵。

英雄的血脉从来不缺乏传承，平时忘我、战时忘死，是每一个怀揣使命的军人的选择。

某艇队操纵长詹武军，在八九级的风浪中到甲板上抢修装备，被一个大浪直接卷进海里。生死关头，两个战友死死地抓住他腰上的粗绳，拼尽全力把他从漩涡中拉了回来。走过一遭"鬼门关"的詹武军，并没有畏惧，依然踉跄着投入抢险，完成抢修，保证了人员装备安全。

在核潜艇上工作，安全绝对是一个必须面对的问题，而从事这份工作，也离不开舍生忘死的奉献精神。在特殊情况下，为了守护核安全，军人们无怨无悔地牺牲自己的健康，甚至是自己的生命。曾经，一位机电长立下规矩："需要一个人进舱，我进；需要两个人进舱，我必须排第一。"

对核潜艇官兵来说，每一次远航都是生死考验，他们怀揣着美好的愿望，却做好了最坏的打算。每次出海远航前，不少官兵都会偷偷地写好"遗书"，留给亲人。其中，有一封"遗书"是这样写的："嫁给军人不容易，嫁给干核潜艇的军人更不容易，什么事情都可能发生。我不能陪你走完一生，一辈子欠你的情。希望你不要难过，把孩子带好，再组织一个幸福的家庭……"

不同的人生选择，造就了不同的人生高度。军人在各种考验面前，舍生忘死，默默奉献，用生命践行着使命和担当。在没有硝烟的时代，他们依然是当之无愧的英雄。

● 平凡的生命，不凡的付出

每个人都渴望自己的人生能够有一段辉煌的时光，但往往梦想与现实之间存在着鸿沟，也有人会因为自己的平凡而产生怀疑、失望和沮丧，遇到挫折后一蹶不振。其实，他们并没有意识到，真正将一个人变得平凡的不是命运，也不是机遇，而是自己，是你自己放弃了让人生发光发热的机会。

作为当代军人，肩上的责任重于泰山，但生活却是平凡的。对多数官兵来说，没有金戈铁马和轰轰烈烈，而是日复一日站岗巡逻，年复一年卫国戍边，过着平淡如水的日子。然而，在这平淡的岁月里，很多人并没有倦怠，也没有停止努力，而是在平凡中创造着不平凡。

云南的香格里拉有这样一位军人，他一直把驻地当成自己的家乡，把人民视为父母，在平凡的岗位上一干就是三十年。他个人荣立二等功 1 次，三等功 2 次，被武警党委表彰为"优秀旅团级党委书记"、"维护民族团结先进个人"。他就是武警迪庆支队副师职政治委员尹树林。

身为一名部队领导干部，尹树林的心里时刻装着人民群众。在香格里拉县城的杰素·丹珍保育院，生活着很多孤儿，由于当地财力和人力有限，尹树林经常组织官兵到保育院看望孤儿，给他们送去慰问金和学习用品，帮孩子们辅导功课、讲故事，陪他们玩游戏。

一位藏族村民曾经评价尹树林说："哪里有困难，尹树林就出现在哪里；哪里有危险，哪里就有尹树林的身影。"这不是凭空的论断，而是事实的缩影。

2011 年 2 月 4 日，香格里拉县建塘镇尼史村的一栋民房突然失火，正在吃饭的尹树林接到哨兵的报警后，立刻召集官兵背上工具奔赴火场。由于该民房是木质结构，火势蔓延得很快，升起的火焰有 20 多米高。村民们望着熊熊大火，束手无策。看着群众省吃俭用盖起来的新房被大火肆虐，听着村民撕心裂肺的哭喊，尹树林很痛心。他用毛巾捂住口鼻，顺手端起旁边盛满水的脸盆，大吼一声："跟我来。"接着，他就第一个冲进了房屋，根本不顾房屋随时都有坍塌的危险。在尹树林的带领下，官兵们个个奋不顾身，经过将近 5 个小时的紧张扑救，大火最终被扑灭了，最大限度地保护了群众财产。

尹树林是一位普通的军人，在本职岗位上默默地践行着当代军人的核心价值观。由于长期在高原工作，他患上了严重的痛风病，但这并未影响他的日常工作。在鲜花和掌声面前，他总是那么泰然自若；可在人民群众有困难时，他绝不会袖手旁观、无动于衷。

和尹树林的作风相似的，还有河北省容城县民政局党组成员夏长黑。

他是一名退伍军人，身材高大，面庞黝黑，举手投足间都透着军人的刚强与坚毅。夏长黑 1983 年入伍，1986 年参加对越作战，在硝烟中入党，被评为老山前线作战优秀战士，荣立三等功 1 次。

夏长黑最常挂在嘴边的一句话是："一日从军，终生为兵。不管祖国安排什么工作，我都会做到最好。"1988 年，复员转业的他被安排到容城县火化场做了一名火化工，从此无论何时，他总是随叫随到，面对亲朋好友的压力和世俗的偏见，他没有一句怨言。

1995 年，夏长黑被调到干休所做服务员，很多人嘲笑他一个大男人做伺候老人的工作，可他毫不在意，而是把每一位老人都当成自己的亲人，细致地照顾他们。1998 年，容城县全面启动殡改工作，领导和同志们一致推选夏长黑担任殡改执法队大队长。他知道，这项工作很艰巨，吃亏受罪不说，还很容易得罪人，可他更知道，作为一名共产党员、一名退伍军人，这是应担的责任。

在工作中，他一直信奉这样的原则：只有自身一尘不染，腰杆才能挺直，说话才有底气，执法才有力度。十几年来，他走遍了全县 127 个村庄，没在村里吃过一顿饭，没收过乡里一盒烟，一直在切实地帮百姓做事。光阴荏苒，二十几年弹指一挥间，夏长黑在平凡中创造着不平凡，用无私的奉献实践了自己曾经在老山前线隆隆炮声中对党旗宣读过的誓言。

穿上军装，就是一名人民子弟兵；脱下那身橄榄绿，依然在平凡的岗位中闪耀着军人的光辉。正是镌刻在灵魂深处的使命感和责任感，才让这些可爱的人在各自平凡的生活中，书写出不平凡的事迹，彰显着忘我为国、为他人的军人本色。

● 人物故事 | 孟祥斌：别问值不值，生命的价值不是用交换体现

"风萧萧，江水寒，壮士一去不复返。同样是生命，同样有亲人，他

用一次辉煌的陨落，挽回另一个生命。别去问值还是不值，生命的价值从来不是用交换体现。他在冰冷的河水中睡去，给我们一个温暖的启示。"

这段感人的颁奖词，是感动中国组委会献给孟祥斌的。我们时常会追问人生的意义，或许意义不在于追问，而在于行动。推选委员纪宝成如是说："真的仁者视他人的生命如自己的生命，真的勇者愿为他人的生命付出自己的生命。"

· 舍己救人的一跃

2007 年岁末，一位军人感动了一座城；2008 年岁末，这位军人依然感动着千万人的心。他，就是第二炮兵（2015 年 12 月 31 日改为中国人民解放军火箭军）某部的中尉军官孟祥斌。2007 年 11 月 30 日，为了救一名轻生的女青年，他纵身一跃，献出了自己年仅 28 岁的生命。

那天上午，孟祥斌带着从山东老家来队刚一天的妻子和女儿到市区购物，准备给女儿买一双鞋。11 时 15 分左右，当他们路过城南桥时，一名女青年跳进了婺江，人在江中苦苦挣扎。身为军人的孟祥斌，当即决定去救人。妻子知道他患有严重的腿部脉管炎，动过大手术，劝他绕江堤下去救人，旁边的一位中年妇女也提醒他，跳江太危险了。可是，孟祥斌却说："来不及了，救人要紧。"说完，就从 10 米高的桥上纵身跳进了江里。

当时，浪急水凉，每前进一米对孟祥斌来说都是一种莫大的考验。好几次，他都因为体力不支沉入水中，又挣扎着浮上来。他用力地拉着女青年不停地向岸边靠拢，10 分钟后，一艘摩托艇闻讯赶来，孟祥斌用尽自己身上的最后一丝力气，把女青年托出水面，自己却再没有上来。

眼睁睁看着自己的爱人沉入江中，孟祥斌的妻子悲痛欲绝，孩子提着爸爸脱下来的一只旅游鞋，哭喊着："爸爸没有了，爸爸没有了。"此时，这久别重逢的一家三口，相聚时间还不足 26 个小时，而孟祥斌答应给女儿买小红鞋的承诺，永远也实现不了了。

13 时 40 分，被打捞起来的孟祥斌被送往医院急救，大批群众自发地跟到了医院，虽然希望渺茫，可众人还是不愿放弃。直至下午 15 时 03 分，医生宣布抢救无效。噩耗传出，很多人噙着眼泪，无声地为这个年轻的生命感到惋惜。

·烛光守夜悼英雄

英雄的壮举，很快就在社会各界引起了强烈的反响。一夜之间，婺江河畔、城南桥头摆满了花圈；在街头巷尾和英雄牺牲的地方，百姓们通过各种方式哀悼英雄。孟祥斌出事那天晚上，有 1000 多名金华市民来到他救人的地方，冒着寒风为英雄"烛光守夜"。

金华市民为了安慰孟祥斌的妻子和女儿，自发捐款捐物，还排队去看望她们，并给孩子送去一双双各式各样的小红鞋。开追悼会的那天，有 200 多辆出租车和公交司机自发免费接送参加追悼会的人，3 万多名群众自发赶到殡仪馆，原本计划时长 1 个小时的悼念活动，最后持续了 5 个多小时。

网络对孟祥斌事件的报道，引来了空前的关注。有的网友称："孟英雄，你是感动整座金华城的人物。"还有网友说："英雄已逝，精神长存。他的行为，给社会带来了一股清风：路见危难，不讲得失，毫无畏惧，挺身而出。他用弥足珍贵的勇气，用自己宝贵的生命诠释了当代军人报效社会、报效人民的崇高理想。"

2007 年 12 月，二炮党委和浙江省委、山东省委分别做出向孟祥斌学习的决定，授予他浙江省见义勇为勇士荣誉称号、浙江青年五四奖章；被评为山东省道德模范、浙江骄傲 2007 年度最具影响力人物，获得 2007 山东年度新闻人物特别奖，当选中央电视台感动中国年度人物。2009 年 5 月，中央军委追授他"舍己救人模范军官"荣誉称号。

·用生命铸就道德丰碑

出生在农民之家的孟祥斌，1997 年带着美好的期待入伍。他勤奋好学，刻苦训练，第一年就被评为优秀士兵，第二年当上班长。1999 年 7 月，他以优异的成绩考入解放军信息工程大学电子技术学院，在校期间加入了中国共产党。

从军校毕业后，孟祥斌被分配到二炮某部，他并没有因为环境和工作条件艰苦而抱怨，除了军事训练以外，其他时间都用在了学习上。2004 年 7 月，孟祥斌的妻子临产，想让他休假回去照顾，可当时部队即将赴外地进行演习，为了不失去这次机会，孟祥斌没有向组织请假，潜心演习现场，完成了通信保障任务。演习结束后，他的女儿已经出生半个多月了。

在部队期间，孟祥斌一直在不断校正自己的人生观，把对社会和家庭的责任化为一种高度的自觉行动。2006 年 5 月，他得知自己的一位军校同学的父亲生病，就带头发起了捐款活动，帮这位同学渡过难关。不仅如此，他还经常为失学儿童、困难群众捐款捐物，多次在部队和地方无偿献血，用他的话说："时刻保护人民群众的利益是军人义不容辞的义务。"

正是因为心中怀有这样的理念，才让他在看到女青年轻生跳江的那一刻，毫不犹豫地选择了舍己救人，用自己的生命换取别人的生命。他在跳入水中救人的那一刻，可能什么也没想，因为奉献的精神已经是他生命的一部分了，看到别人有危险，他的第一反应就是奋不顾身地去救人，这是强烈的责任心使然。

·在平凡中实现生命的价值

事情发生后，有人这样评议，说孟祥斌是一名军人，可以在自己的工作领域中更好地实现自己生命的价值，为了一个轻生者而失去了生命，似乎有些不值得。那么，生命的价值到底体现在哪儿呢？

20 世纪 80 年代，第四军医大学学生张华为了救一名掏粪农民而牺牲，这件事情引起了强烈的争论，有人也提出了同样的质疑：以一个年轻的大学生去换取一个掏粪农民的生命，是不是值得？这跟孟祥斌搭救一位因情感问题而轻生的女青年，如出一辙。

这是一个价值多元化的时代，我们经常会听到"道德滑坡"、"诚信缺失"、"人心不古"等社会道德状况的负面消息，但要知道，这只是个案，不能被无端地放大。朝气蓬勃的大学生，年轻有为的军官，舍己救人离开了这个世界，着实令人扼腕叹息。但是，他们的英雄事迹所蕴含的精神价值，却为他们的生命添加了别人难以企及的厚度与高度。

当年，作家梁晓生在一篇文章中写道："当我在拿张华的生命价值和掏粪工的生命价值作比较的时候，我是非常耻辱的。生命可以比吗？生命都是无价的。"而今，孟祥斌的行为也在提醒更多的人，对生命要同样的尊重。

一位哲人说过，没有英雄的民族是可悲的民族，有了英雄不珍惜的民族更可悲。当代军人的字典里有四个重要的词语：使命、忠诚、纪律、牺牲。使命是核心，忠诚是前提，纪律是条件，牺牲是要求。只要坚守了这样的理念，就一定能够做到在关键的时刻冲上去，包括牺牲自己的生命。无论是张华还是孟祥斌，他们都闪烁着善良的光辉，而这种光辉恰恰是我们这个时代最需要的。

无困难，不担当

责任面前，化压力为动力

一百多年前，美国的新英格兰发生过一次日食。日食发生时，天空突然变得很黑、很暗，仿佛世界末日要降临一般，人们感到无比紧张与恐惧。在康涅狄格州，议员们正在召开例行会议，当会场随着外面的天空变得黑暗起来，有些议员开始骚动了，其中一位建议暂停会议。

就在这时，一位年迈的议员从座位上站了起来，他说："就算真的是世界末日来了，我仍然希望人们能坚守自己的岗位，履行自己的职责。"他建议，在会场上点起蜡烛，所有人继续开会。对他而言，坚守自己的岗位就是忠实的信条，也是责任所在。

军队最为重视的就是责任教育，它与国家利益、人民幸福有直接的联系。一个缺乏责任感的社会是不可想象的，一支没有责任心的军队是散漫的，一名没有责任感的军人也是不合格的。艾尔伯特·哈伯特曾经说过："人生所有的履历都应该排在勇于承担责任之后。"这就是说，勇于承担责任的精神是人生中最重要的东西，它具有改变一切的力量。

科学家曾经做过这样一个实验：把公狼、母狼和小狼一家关在铁丝网制作的笼子里，先把公狼放出来，只囚禁着母狼和小狼。在接下来的两个月里，可以看到公狼在笼子外徘徊，它失去了原来的野性，开始变得有些萎靡。

按照实验计划，原本接下来要放小狼出来，但此时科学家们的意见产生了分歧，有人认为现在公狼意志消沉，如果放小狼出来，很有可能会被饿死。可是，组织这次实验的科学家坚持按原计划执行，他认为自己原先的设想是正确的，一定能够从这个实验中得到印证。

就这样，小狼被放出来了。在此后一段时间里，公狼和小狼消失了。直到几个月后的一天，公狼带着小狼回来了，它们看上去很健康。公狼没有了原来那种颓靡的情绪，因为母狼不在，它担任起了照顾小狼的责任，这对于公狼来说，成为一种活下去的动力。它开始打起精神，积极地照顾小狼，在它们的身体状况逐渐改善之后，就回到了母狼所在的笼子附近，没有再远离。

狼已经在世界上生存了几千年，也历经过人类的杀戮，在这样的环境里，它养成了很好的适应能力。在优胜劣汰的自然界中，它的精神也体现出了生存的强势法则。当狼的伴侣受伤后，另一只一定会拼死把它拖到安全的地方，为它舐舐伤口，无微不至地照顾它，直至完全康复。它们忠于伴侣，忠于家庭，有强烈的责任心，懂得承担责任，因而能把责任产生的压力转化成动力。

人亦如是，在遇到困难的时刻，都会产生压力，之所以每个人会有不同的结局，在于面对压力时的不同态度。有责任感的人，会把压力化为动力，想办法迎上去；责任心不强的人，会被压力吓倒，变成一个彻头彻尾的失败者。

每个人都有自己的职责。对军人来说，保家卫国、乐于奉献就是自己不可推卸的责任。他们就像林肯所说："别人能负的责任，我一定能负；别人不能负的责任，我也能负。"这是军人的信念，无论在什么时候，担任什么样的职务，都会认真履行自己的责任。之所以选择奉献，不是为了得到奖励或是逃避惩罚，而是出于真正的责任感。

● 奉献，只因心存感恩

任何一名军人，恐怕都不会忘记自己离乡入伍那一天的情景，相信也会有很多军人问过自己：我为什么要去当兵？我为了谁而当兵？

也许，答案一开始只是为了改变自我，但在进入部队之后，思想一定会渐渐发生转变，人生的意义也绝不仅仅局限在自己身上。毕竟，当一名军人的心里只想着"为自己"的时候，他就不可能任劳任怨地履行"全心全意为人民服务"的宗旨。

为人民服务，一直以来都是军人的使命。当懂得了这一点，责任感就在心中扎了根。对一个真正的军人来说，只有明白了为谁而战，为谁而奉献，才能保持高昂的士气，在关键的时刻拿出勇气。

那么，如何才能够让这种使命感扎根呢？答案只有两个字：感恩。

在部队里，每个军人都听到过这样的教导："我们不要忘记，是党和人民养育了我们，我们要以全部的情感、全部的努力来回报人民。"听起来平凡无奇的话语，实则蕴含了深刻的道理：做人，要心怀感恩！

关于感恩，《牛津字典》里的解释是这样的："乐于把得到好处的感激呈现出来且回馈他人"；《现代汉语词典》里的解释是："对别人所给的帮助表示感激"。纵观两者，都有感激别人的帮助，把对别人的感激呈现出来的意思。

从心理学上来说，感恩是指人们感激他人对自己所施的恩惠并设法报答的心理，是所有文化公认的基本道德准则。所以说，感恩是一种道德动机，在享受社会给予自己的培养和支持时，军人也自觉承担了回报社会的责任。

有爱就有感恩，有感恩就有责任，有责任就要付出行动。所以，在党和人民需要的时刻，军人会义无反顾地站出来，承担风险，用行动去捍卫祖国的尊严，去保护人民的生命和财产安全。不懂得感恩的军人，是素质不全面、缺少"人情味"的军人；一支缺少爱和感恩的部队，是没有凝聚力和战斗力的军队。

"5·12"汶川大地震发生后，无论男女老少，说得最多的就是"感谢解放军，感谢党和政府，感谢好心人"。这对于所有的救援人员来说，是莫大的鼓舞和激励。在抗震救灾中，我军官兵之所以能够舍生忘死、拼搏于危险中，靠的也是对人民的感情与感恩。

军人时刻不忘感恩，始终要求自己做一个怀揣感恩的人。

首先是感恩父母家人，要理解他们，关心他们。每一位有良知和责任的热血男儿，都当铭记父母的恩情，给予他们孩子般的呵护。

其次是感恩组织，没有部队领导的培养和教诲，没有他们严格的要求，就没有军人的成长与成熟。无论在何种岗位，做什么工作，是老兵、新兵还是干部，都要清醒地认识到，以党的方向为方向，不要问组织还能给我什么，而要想想组织对我有什么要求，我能为组织做点什么。

最后，还要感恩人民，勿忘供养之恩。一首歌唱得好："我是一个兵，来自老百姓……"部队里吃的、穿的、用的全都来自人民，没有人民的供养，就没有军队的一切，人民永远是军人战无不胜、攻无不克的坚强后盾。只有感恩人民，才能赢得人民；只有赢得人民，才能赢得胜利。感恩人民，就要相信人民、依靠人民；在人民需要的时刻，勇敢地冲锋陷阵，无私奉献。

一个真正懂得感恩的人，才能懂得自尊自爱，自立自强，才能在本职岗位上践行当代革命军人核心价值观。每一位军人都当用感恩之心升华自己的内涵，在知恩、知足、知责中展现军人的风采。

● 人物故事 | 武文斌：灾难的黑色背景下，他的青春是最亮的光

"山崩地裂之时，绿色的迷彩撑起了生命的希望，他树起了旗帜，自己却悄然倒下，在那灾难的黑色背景下，他26岁的青春，是最亮的那束光。"

·抗震救灾中活活累死的战士

2009年4月3日，四川省都江堰市举行了清明祭扫烈士陵园活动暨武文斌烈士塑像揭牌仪式。在烈士陵园里，两米高的红色花岗岩雕刻而成的武文斌半身塑像矗立着，上面十几个镏金大字："'5·12'抗震救灾英雄烈士武文斌永垂不朽"，在阳光下闪烁着光芒。

武文斌，1982年出生在河南省邓州市张村镇程营村，2002年高中毕业后入伍叶挺独立团，2005年以全团第一的成绩考入郑州信息工程大学测绘学院测量与导航工程系士官一队，2007年分配到铁军师直属炮指挥

连实习，参加过多次大型的演习任务。

2008年5月13日，即"5·12"汶川大地震发生的第二天，原本被连队安排留守的武文斌，积极请战，坚决要求参加抗震救灾。他心里满怀着对党和人民的热爱，不愿在这个关键的时刻留守。最终，领导答应了他的请战，允许他跟随部队一同赶往灾区。

到达灾区后，武文斌一直跟战友奋斗在一线，转移群众。他肩扛背驮地走在前面，和战友们翻过三座大山，走遍了都江堰玉堂镇的12个村庄，7816户人家，把食品和饮用水及时地送到灾区群众手中。为了搜救失事的直升机，他不畏山高路险，一直做先锋，三次滚下山，幸好被树拦住才保住生命。

灾后重建时，他经常一个人做几个人的活，清理淤泥搬石头，疏通引水渠，身上多处被划伤。2008年6月14日，连队在都江堰勤俭小区受灾群众安置点卸活动房板材，武文斌与战友们连续完成了14车的卸货任务。2008年6月17日傍晚，在受灾群众安置点劳累了一天的武文斌，与70多名战友一起冒雨执行8车活动房板材的卸载任务。干完活后，连队干部安排他休息，他却又帮助别的班卸车。21时许，武文斌因为疲劳过度，晕倒在救灾现场。连队将他及时送到了医院救治，但最终因肺部大出血抢救无效而献出了年轻的生命。

·做一个对家庭、对社会有价值的人

武文斌参与救灾的32个日子里，每天都在不停地找活干、抢活干，做完分内的事，就去帮其他班干活，拦也拦不住。他身上的迷彩服，总是湿了又干，干了又湿。战友们说，武文斌心里装的全是灾区群众，而他自己却说："一定要多救人，才对得起身上的这身军装。"武文斌平日里在兰活上对自己很苛刻，但在工作上却从不服输。他出生在农村，家里的条件不富裕，在校学习期间一直很简朴，从来不与人攀比，每次拿到津贴除了必要的生活学习用品开支外，其余的都攒着寄回家。

在部分战友看来，他有那么点"抠门"。可是，武文斌心里有一杆秤，他认为年轻人就该多奋斗、少享受，多积累、少消费，做一个对家庭、对社会有价值的人。他经历过高考落榜，而今有机会上军校对他来说非常难得，所以一入校门他就给自己立下了必须学有所成的志向。

在训练中，他非常刻苦，对自己要求也很严格。有一次，带队训练的队长李东红发现他的动作有些僵硬，甚至有时还比较吃力。为此，队长要求检查他的脚，当他脱下迷彩鞋的那一刻，大家都惊呆了。他的袜子被血染红了，紧紧地裹在脚上，很多战友都不忍心看而扭过了头。在队长的硬性命令下，他才到一旁休息，可他并没有闲着，而是积极地与餐厅联系，给战友们煮了解暑的绿豆汤。

·他是父母和妻子永远的骄傲

武文斌牺牲后，部队的领导问其父武中林，有什么困难和要求？武中林定定神，抬起头说："我虽然老了，但身体还结实，儿子没有干完的活，我要替他干完。我也是一个老兵，我要站在儿子的岗位上替他去战斗，把他没完成的任务做完。"

2008年春节，武文斌和杨卫华领取了结婚证，可婚礼还没有来得及办，武文斌就赶回了部队。他们原本准备6月份补办婚礼，谁料5月份汶川发生地震，只好将婚期往后延，想着抗震救灾胜利后，再办一个隆重的婚礼。没想到，这个愿望却永远实现不了了。

2008年3月，他们原本打算拍婚纱照，可后来部队要野外驻训，武文斌就没有回来。直到他离开前，除了结婚证上的照片外，他们没有一张合影。对于丈夫的牺牲，杨卫华含泪说："他这样年轻就去了，他是为了抗震救灾献出的生命。有这样的丈夫，我为他感到骄傲，他死得值。"

·在岁月中牢记先锋战士的名字

听过武文斌的事迹，谁能说这个时代没有英雄？谁又能说这个时代道德缺失？

他一心为民、无私奉献，他以钢铁般的意志和顽强的作风，夜以继日地奋战，最终累倒在救灾一线；他不畏艰险，不惧牺牲，奋不顾身营救被困人员，尽全力帮助受灾群众排忧解难，多次圆满地完成紧急任务；在危难的关头，他争着冲在前面，把困难和危险留给自己，把方便和安全让给别人。

在灾难面前，用自己的大爱表达着对党和人民的感恩，书写了一位先锋战士的光辉人生。岁月荏苒，但我们不能忘记他的名字——武文斌。

迎难而上是责任

● 时刻冲在最前面

"危险是什么？危险就是让弱者逃跑的噩梦，危险也是让勇者前进的号角。对军人来说，敢于冒险是一种最大的美德。"这番话，是美国军火大亨杜邦的一句经典名言。他曾经也是一名军人，知道在两军对阵的训练中，最前面就是最危险的位置，可那也是一个只属于勇者的位置。谁敢冲在最前面，谁就能得到英雄的荣誉。

对巴顿将军的名字，很多人都不陌生，他是一个冒险家，作战勇猛，在任何战役中，都喜欢冲在最前面。在他看来，不让敌人进攻自己的最好办法，就是去进攻他，不停地向他进攻。正因为此，他总是乐于冲锋陷阵。

1918年9月，在圣米歇尔战役中，巴顿带领美军的坦克兵参加了战役。

9月6日凌晨2点多，战役开始了。3小时后，借着浓雾的掩护，巴顿带领美军向敌人发起了冲击。虽然浓雾能够有效地遮掩坦克，可同时也让巴顿的视线受到了影响。情急之下，巴顿将军决定带领几名军官和机械师，朝着炮弹爆炸的方向冲过去。

没想到，刚刚上路，就遭到了敌人的炮火和机枪火力的封锁，他们只好趴在铁路边的沟渠里暂时隐蔽起来。就在这时，巴顿发现了一些被敌人的炮火打散的士兵，那些士兵惊慌失措，本来已经想着往后退了，可在巴顿的领导和鼓舞下，他们决意跟着这位将军往前走。

很快，巴顿将军就集合了100多人，大家一起等待着时机。只要敌人的炮火稍一减弱，他们就立刻分散着沿山丘北面的斜坡往上冲。不巧的是，斜坡底下有两个大壕沟，坦克根本过不去，想顺利通过的话，唯一可行的办法就是把壕沟填平。此时，敌人的炮火还在继续，士兵们不得不躲避起来，因此，填平壕沟的任务进展得非常缓慢。

看到这样的情形，巴顿将军心急如焚。他解开了皮带，拿起铁锹和锄头，第一个冲出去，开始动手填壕沟。看到将军的英勇作为，士兵们大受鼓舞，也冲上来跟着他一起挖。敌人不断地朝着这边开火，突然，巴顿身边的一位士兵头部中枪，倒在了地上。周围人一惊，而巴顿将军却不为所动，仍然用力地挖土。他知道，如果不继续挖的话，这样的场景会反复地出现。终于，将军和士兵们齐心协力，把壕沟填平了，5辆坦克顺利地越过了壕沟，冲上了山顶。

当坦克从山顶上消失后，巴顿挥舞着指挥棒，大声地喊道："跟我来，我们一起冲上去。"分散在斜坡上的士兵们，跟着将军的指令往上冲。没想到，刚冲到山顶，就遭到了敌人的枪林弹雨，强大的火力阻断了去路，士兵们只好重新趴在地上，继续等待机会。当时，有几个士兵倒在了血泊中，那情景实在让人胆战心惊。

如此危急的时刻，对军队的战斗力是一个非常大的考验，而这与统帅的态度有直接的关系。倘若统帅犹犹豫豫、不知所措，会导致全军涣散。看着身边的士兵倒在地上，巴顿大吼了一声："该轮到另一个巴顿献身了。"一边喊，一边带着士兵们往前冲。

很快，敌人发现了他们，开始用机枪扫射，士兵们一个接一个地倒下了。最后，一群人就只剩下了两个，一个是巴顿，一个是他的传令兵。他对传令兵说："不管怎样，我们都要前进！"可是，没走几步，一颗子弹就射中了他的左大腿，从他的直肠穿了出来。巴顿摔倒在地，血流不止，脸上的表情却依旧淡定从容，他说："要继续向前冲。"传令兵吓坏了，说："上校，你的身体状况已经不能留在前线了，必须去医院……"巴顿固执地喊着："去你的医院，别对我指手画脚。"巴顿还想站起来，可又倒下了。

这件事之后，巴顿获得了"优异服务十字勋章"的奖励，嘉奖令是这样写的——

"1918年9月26日，在法国切平附近，他表现出超乎寻常的责任感。在指挥部向埃尔山谷前进的过程中，他将一支瓦解了的步兵集合起来，率领他们一起跟在坦克后面，冒着机枪和大炮的轰炸继续前进，直到负伤。在他不能继续前进时，却仍然坚持指挥部队作战，直到将一切指挥事宜移交完毕。"

纵观世上所有的英雄人物，都与巴顿将军一样，在任何困难面前都敢于冲在最前面，比如尤利西斯·格兰特将军，也是值得赞扬的一位。

1852年3月9日，在南北战争中，格兰特率领的军队遭到了南方军的强势进攻，格兰特立刻率领全军在康乃狄克桥头集合。敌方的军队阵容十分庞大，足足有6000多人，格兰特在桥头集合了4000名榴弹兵，又在前方布置了 300 名士兵。战斗一打响，冲在最前面的 300 名士兵就被散弹击倒了。榴弹兵望着眼前的一幕，信心大大受挫，不知如何是好，整个部队停止了前进，甚至有人开始往后退。

看到这样的景象，格兰特一把拔出了战刀，冲到了队伍的最前面。他的英勇无畏感染了士兵，他们重新振作起来，跨过了前进道路上的战友的尸体，几秒钟后就逼到了敌人的面前。北方军队不畏生死的气势震撼到了南方军队，他们的炮手放弃了抵抗，弃城而逃。格兰特指挥的北方军，夺取了最后的胜利，而他也被誉为"战场上的想象大师"。

谁是不可战胜的人？是那种在任何时刻都临危不惧的人。我们身边有很多可爱的军人，他们坚守在自己的岗位上默默奉献，不为名利，只为心中的责任。每一天，他们都在努力地用自己的行动，践行着一名军人顽强、勇敢的精神。

平日里要有意识地与自身的恐惧做斗争，不断地突破自我、战胜自我，才能培养勇敢的精神，彻底战胜原来不敢面对的恐惧，在危难之时冲锋陷阵，成为一名无坚不摧的勇士。

● 失去了勇敢，就失去了一切

一位海军上校问刚刚加入海军的士兵："如果你受命去海上完成一项重要任务，当你率领船只在海上行驶时，得知前面有巨大的龙卷风正向自己所在的方向袭来，以你当时的情况和经验，你会怎么处理？"

海军士兵几乎不假思索地回答说："当然是调转方向回去，躲过龙卷风，这样才能确保人身安全！"

海军上校听了他的回答，摇摇头说："不行，就算你调转方向，龙卷风还是会朝着你调转的方向过去，一直跟着你的船只。这样的话，你不但无法摆脱龙卷风的威胁，还会让船只和龙卷风更容易相遇。如果你的船只跑不过龙卷风，等待你的命运就是葬身大海，这如同把自己置身于危险之中。"

海军士兵问："如果将船只向左行驶或向右行驶，试着绕过龙卷风呢？"

海军上校依然摇头，笑着说："这样的办法等于羊入虎口，把船只的侧面暴露在龙卷风的虎口之下，只会增加船只与龙卷风的接触面积，使得整个船只都会被龙卷风撕成碎片，让整条船沉入大海。"

士兵不断提出各种可能，每一次都遭到了海军上校的否定，这让士兵百思不得其解，他问："如果这些办法都没有用的话，那要怎么才能摆脱龙卷风的威胁呢？"

海军上校肯定地告诉他："只有一个有效的办法，就是抓稳你的舵轮，朝着前方继续前进。只有这样，你才能将船只与龙卷风接触的面积及概率转化为最小值。有时候，你越是躲避，它越可能冲上来，当你勇敢地去面对时，你会发现，在不知不觉中，就已经冲过了龙卷风，驶入了一片平静的海域。"

有一首诗叫作《勇敢者的心》，里面写道："用勇气之火去点燃希望之繁星，照亮人生过往中每一日之光阴，只因时间可以摧毁一切懦弱，却埋葬不了一颗勇敢者年轻的心。"简简单单的几句话，却充满了勇者的斗志，让人为之激动和振奋。

对军人来说，勇敢是最基本的素质，它就好比战士手中紧握的枪，要敢于直面敌人的钢刀，敢于正视淋漓的鲜血，敢于面对死亡的威胁，哪怕是在生命的最后一刻，也要有勇气迎上去，绝不退缩。

席巴·史密斯曾经说过："许多天才因缺乏勇气而从这世界上消失。

每天，默默无闻的人们被送入坟墓，他们由于胆怯，从未尝试着努力过；他们若能接受诱导起步，就很有可能功成名就。"成败有时就在一念之间，面对困境怯懦了，就只能在困窘中徘徊；勇敢地跨出了那一步，很可能迎来海阔天空。

巴顿将军在给学员上课时，讲过自己手下一名普通士兵的故事。

"我麾下的将士从不投降。我不想听到我手下的任何战士被俘的消息，除非他们先受了伤。即便受了伤，你同样可以还击。这不是吹大牛，我愿我的部下，都像在利比亚作战时的一位少尉那样。当时，一个德国士兵用手枪顶着他的胸膛，他甩下钢盔，一只手拨开手枪，另一只手抓住钢盔，把那士兵打得七窍流血。他拾起手枪，在其他士兵反应过来之前，击毙了另一个士兵。在此之前，他的一侧肺叶已被一颗子弹洞穿。这，才是一个真正的男子汉！"

对军人来说，一时的勇敢不难做到，想要始终勇气十足，却很不易。即便是英雄人物，也会有失掉勇气的时候，而在他们怯懦的那一刻，上天不会因为他们曾经获得的荣耀而给予特别的怜悯。在这一点上，麦克莱伦就是一个典型。

1862 年 3 月，乔治·布林顿·麦克莱伦率领波托马克集团军 12 万人，经过半年的准备，开始向里士满逼近，让南部联邦的首都陷入了一片恐慌之中。5 月 31 日，两支军队开战，麦克莱伦的军队被里士满城前的奇克哈默尼河隔成了两段，罗伯特·李和约瑟夫·约翰斯顿兵分两路对麦克莱伦展开进攻。

在这场战争中，麦克莱伦占了巨大的优势。在第一场较量中，罗伯特·李的军队就遭到了重创，如果麦克莱伦决绝地采用强攻策略的话，用不了多久，他就能取得绝对的胜利。很可惜，他的性格与巴顿和麦克阿瑟截然不同，像科学家一样严谨的态度，让他在危险面前迟疑了，甚至有些怯懦。

罗伯特·李曾经在墨西哥与麦克莱伦共事多年，知道他性格中的弱点。于是，李开始迷惑麦克莱伦，先是命令属下率领1万军队从麦克莱伦的先头部队前走过，而后又从树林里悄悄绕回来，再出现在北军阵地之前，完全就像走马灯一样，来来回回，好像庞大无比。

恐惧源自未知，麦克莱伦果然被迷惑了，他不清楚对方到底有多少人马，心里开始担忧了。他让自己的部队跨在奇克哈默尼河上，并没有再次发动进攻。林肯不断地催促他发兵，可他在电报里却大谈特谈弗吉尼亚叛军是如何强大，还一再强调对方的人马不是10万，而是20万。同时，他还要求派部队增援，以便拿下里士满。

1862年6月26日，李将军开始向麦克莱伦的右翼发动进攻，联邦军进行抵抗。此时，马格鲁德的兵力十分薄弱，如果麦克莱伦的南翼部队向它展开进攻的话，很容易就能获胜。可惜，麦克莱伦没有那么做，他把对方想象得太强大了，一心等待着援军的到来，根本无心发动进攻。在怯懦的影响下，他错过了一次又一次战机。

战争还在继续着，李将军的援军率先赶到了，麦克莱伦真的成了弱势的一方。在敌军先锋部队的猛烈攻打下，麦克莱伦的右翼开始退却，接着是全线后撤，最终退到了达詹姆斯河畔，才逃离敌人的追击。此次战役，麦克莱伦虽未全军覆没，可他率领的12万大军惨败给区区9万人的北弗吉尼亚集团军，也着实说明了他的失职。

事后，麦克莱伦为自己的失败找了无数借口，可归根结底，他还是败给了自己的怯懦。一个失掉了勇气的将领，就算拥有得再多，最终也会一无所有。这件反面案例，时刻提醒着后人，要心存勇气，哪怕是在最软弱的时刻，勇敢一点儿，你将无往不胜。

面对危险，没有任何退路，每一位军人都必须冲上去，冲到最危险的地方，不能有片刻犹豫。炮火无情，可以夺走一名军人的生命，却无法夺走一名军人的荣耀。在战场上，军人的勇敢是用生命扛起责任，坚守荣耀；在祖国和人民面前，他们从未想过自己的利益，也唯有将个人生死荣辱置之度外，才能成就真正的勇敢。

只要勇者之心不倒，纵使失败，虽败犹荣。

人物故事 | 衡阳武警消防兵：穿上军装就做好了牺牲的准备

他们以火一样的激情投身火场，他们怀揣群众的利益走向危险，他们用自己的生命捍卫了他人的生命，捍卫了武警消防这个崇高的职业。那壮烈的一幕将永存史册，他们勇往直前、舍生忘死的英雄气概更将长留在人们心里，那将是对敬业精神的最好诠释。

·噩梦回放：衡阳"11·3"特大火灾坍塌事故

2003 年 11 月 3 日凌晨 4 时 40 分左右，衡阳市珠晖区一栋八层四合院式商住楼突然发生了火灾。火灾是从一楼仓库发生的，迅速向楼上蔓延。5 时 43 分，珠晖区消防中队接到了报警后，在 2 分钟后迅速赶到了现场，支队随后调集了特勤消防中队、雁峰区消防中队、石鼓区消防中队共计 12 台消防车、150 多名战士，以及 4 个专职消防队 4 台车、50 余名战士，迅速展开灭火救援。

由于一楼的仓库里堆放着大量的电器、干货食品和橡胶制品，发生大火后，燃烧迅速蔓延到二楼以上，再加上正值凌晨，很多居民还在睡梦中，大量的有毒烟雾弥漫着整个火场，给火灾的扑救和解救被困群众带来了巨大的困难。

在对火场进行了仔细勘察后，衡阳市消防支队的队长果断下了命令：

全力疏散和解救被困群众，努力控制和扑灭火灾。依照火场形势，指挥部决定采用四面夹击的战术进行灭火，当水枪阵地形成后，火势的蔓延果然得到了迅速的控制。此时，指挥部再次下令：从东北方向、西南方向分别对火场发起内攻，珠晖中队4名战士和石鼓中队5名战士进入火场，两面夹击。上午8时，火势得到了有效的控制。为了快速扑灭余火，确保没有群众遗留在火场，消防官兵开始深入火场内部开展全面排查搜救工作。

眼看着救援工作已到尾声，谁也没想到，一场更大的灾难降临了。

8时30分，大楼突然发生了坍塌，正在进行灭火工作的31名消防官兵、4名记者、1名保安，由于来不及撤离，全部被埋在了废墟中。时任衡阳市消防支队的政委张晓成、特勤中队战士曾辉当场牺牲，另有10名消防官兵、4名记者和1名保安被及时抢救出来送往医院治疗，其余19名官兵全被埋在了废墟中。至11月6日上午10时，最后一名消防战士的遗体在废墟中被找到。此次行动，衡阳消防支队共有20名官兵英勇牺牲。

· 生死之间：官兵牺牲二十，百姓无一伤亡

在灭火的战斗中，在生死一线之间，衡阳消防支队的全体官兵，把自己的生死置之度外，把生的希望留给了群众。

当时，火场被浓烟和毒气弥漫着，能见度极差，消防官兵们挨家挨户地叫醒居民，组织群众疏散。经过了大火长时间的焚烧，楼房里的隐患越来越多，在这样的情况下，消防战士们依然几进几出，把老弱病残逐一地背了出去。

珠晖区消防中队战士刘某，冒着浓烟从一楼到六楼逐一敲开住户的房门疏散群众，在进入一位住户家时，他发现了一名已经昏迷的男子。为了抢救这名男子，他果断地摘下了自己的呼吸器给对方戴上，而后背起他就往楼下跑。冒着浓烟，靠着惊人的毅力，他把人从六楼背下，送到了安全的地方。另一位支队的警训科参谋，在疏散群众的过程中，由于烟雾太大、

气温太高，他欲抢救一户住宅中被困的人员，先后冲入三次都没能成功，到了第四次才冲入火场，把被困的群众救出来。

由于疏散和抢救及时，这栋楼里的 94 户人家、412 名群众，以及周边楼宇的居民，全部安全撤离火场，先后有 8 名群众昏迷，但都被消防官兵从火场里背出来，无一人伤亡。可是，我们的消防官兵，却有 20 位悲壮地离开了。

衡阳市消防支队政委张晓成，火灾发生后一直在现场指挥，他下令采取的措施非常得力，确保了群众的安全撤离，有效地控制了火势。大楼坍塌的那一刻，他还在向战友们询问楼中是否还有群众没有撤离，不料被飞速倒下的横梁击中，当场牺牲。

衡阳市消防支队副参谋长戴和熙，在支队接到报警后火速赶往现场。他在火势最猛烈的火场西北方向水枪阵地指挥作战，经过近两个小时的战斗，火势终于得到了控制。就在他准备进入火场查看火情时，大楼坍塌了，他被完全埋入了废墟之下。他牺牲的第二天，就是儿子 15 岁的生日，可他再也无法兑现陪儿子去公园的承诺了。

特勤中队二班班长曾辉，带着两名战士负责火场四面水枪阵地。他一边手持水枪与大火搏斗，一边配合官兵疏散群众。由于火势太大，他不知疲倦地与大火战斗了近 3 个小时，体力严重透支，身上、腿上、脸上多处被烫伤，还被跌落的石头、玻璃等物砸伤。战友递过面包让他补充体力，他只说了一句"现在来不及，待会吃"，就把面包塞进了战斗服的口袋里。

为了找一个更合适的射水角度，他拿着水枪、冒着浓烟沿大楼边上的平台向三楼窗户靠拢。就在这时，大楼坍塌了，他被压在废墟之下。当战友们把他从废墟里挖出来时，他身上被鲜血染红，衣服的口袋里还装着一块没来得及吃的面包，双手紧紧握着水枪，保持着与大火搏斗的姿势。

20 个年轻的生命就这样走了，怀着火一样的激情走了，他们用生命捍卫了 412 人的生命，用行动捍卫了消防员这个崇高的职业，感动了中国，感动了十几亿人。

·英雄使命：危难时刻，顶上去是责任

对很多年轻人来说，英雄和楷模听起来既熟悉又陌生，熟悉是因为从小就在教材里看到了诸多英雄和楷模的故事，陌生是因为身处和平年代，没有外敌入侵，不需要在枪林弹雨中冲锋陷阵，缺少了切肤之痛的真切感受。

可是，英雄与楷模的定义不该是如此狭隘的，与战争年代相比，现代军人的责任反而变得更重，他们的使命不仅是练就钢筋铁骨，时刻保卫祖国，而且还要在群众需要的时候赴汤蹈火，为群众的生命财产安全保驾护航。衡阳武警消防官兵们做到了，用他们的壮举塑造了现代英雄与楷模的形象。为了陌生的群众百姓，他们不顾一切奋力救援，在危难面前，选择了用生命捍卫使命。

诚然，这个时代不可能人人都成为英雄模范，也不都需要时刻准备付出生命的代价，可当使命降临的时候，在危难的时刻，敢于面对，不逃避、不退缩，顶上去是责任，也是实现人生价值、找到自身存在意义的时刻。

第四章
誓言如钢，责任无疆

坚守岗位，忠于职守

● 忠于职守，尽职尽责

一个晴朗的午后，一群小男孩在公园里玩模拟战争的游戏。他们之中有人扮演将军，有人扮演上校，还有人扮演士兵。一个"倒霉"的小男孩被选为"士兵"，他必须接受所有长官的命令，还要不打折扣地去完成"长官"交代的任务。

扮演上校的小男孩，指着公园里的垃圾站向那个扮演士兵的男孩下命令，说："现在，我命令你去那个堡垒旁站岗，没有我的命令不准离开。""是，长官！"小男孩丝毫也没有觉得委屈，痛快地回应道，并骄傲地去执行任务。

接着，一群"长官"们跳着去别的地方玩了，"士兵"就安静地站在垃圾站旁边。天色渐渐暗了下来，两个小时过去后，小男孩站得两腿发软，可他还在坚守着自己的岗位。那些给他下命令的"长官"们，已经不知道跑哪儿去了，压根就没有回来，似乎已经把他忘了。

路过的人问小男孩："你在这里做什么？"小男孩自豪地说："我在站岗。没有长官的命令，我不能离开。"路人觉得小男孩很可爱，告诉他这不过是游戏而已，不必当真。小男孩却义正词严地说："不，我是一个士兵，我的职责是站岗。"

天越来越黑，不止一个行人提醒小男孩："你的伙伴们都回家了，不会再有人给你下命令，你快回去吧！"可是，小男孩依旧不动，说："这是我的职责，没有长官的命令，我不能离开。如果我走了，以后他们就不让我参加'军事演习'了，我不能离开。"

路过的人无奈地摇摇头，都走了。公园马上就要关门了，小男孩也很想离开，但他没有得到"长官"的允许，不能擅自离岗。其实，他的那些小伙伴们是真的把他忘了，毕竟都是孩子，压根就把这当成游戏，根本不会有人回来给他解除任务的。

就在这时，一位真正的军官走了过来。他向小男孩了解了事情的来龙去脉后，脱下了自己的大衣，亮出了军装和军衔，他是一位上校。小男孩向军官投去了崇拜的目光。接着，军官严肃地向小男孩下了命令："很好，你出色地完成了任务，你是一名优秀的士兵。我现在命令你，可以回家了。"小男孩很高兴，回答说："是，长官！"军官对小男孩的行为十分赞赏，说道："你长大后，一定会成为一名出色的军人。"

对军人而言，守住自己的位置是一种职责，无论是士兵还是军官，无论职位高低，都是为了这个使命而产生的。站在一个位置，就要倾尽全力去担起这份职责，哪怕有些任务很难完成，哪怕冒着牺牲的危险，也得义无反顾。

曾经有人问林肯，为什么他能够当上总统？林肯的回答是："每获得一次工作的机会，我都会怀着感恩的心情加倍努力工作，我能干好每一个我干过的职位，所以我也能干好总统这个职位。"

服从命令、听从指挥、完成任务，这是每一位士兵的职责；若是军官，不仅要对上下级负责，还必须确保士兵的生命不会白白牺牲。巴顿将军在"二战"期间屡立战功，而他宣称自己打胜仗的秘密武器就是——"在每一个位置上安排好能绝对执行命令的将官，然后让这些将官将每一个士兵训练成能胜任职责的勇士。"

职责是一种使命，能够忠于职守、尽职尽责，对军人来说与战死沙场一样光荣。

此时，无论我们处在什么样的位置，都当尽职尽责把要做的每件事做好，任何一个疏忽和延误都不能小觑。责任感可以让我们的生活和工作充满激情，哪怕很辛苦，但只要全身心地投入了，最终收获的一定比想象的要多，它足以让我们从平凡的起点，走向卓越的终点。

● 敢于扛起自己的责任

普列是美西战争中普通工程连的一名士兵。服役期间，他从事过很多工作，其中最令人难忘的就是做驾驶挂车的司机。这份工作并不好做，他驾驶的挂车是用来搬运挖土机的，挖土机重达40多吨，且当时条件艰苦，挂车经常出现各种各样的故障，却又找不到专业的修理工，也没有可以更换的配件。

哈里中尉是普列的上级，负责调度整个工程连的工作。有一天，哈里中尉接到了上级的命令，让全连停止手中的工作，将所有人员和设备转移到距离现在工作地点50公里外的一个偏僻小镇，修建一座被毁坏的大桥，以便尽快恢复高地的粮食和其他供应。

就在转移的时候，普列驾驶的挂车又出现了故障，而且这次的故障比之前都要麻烦，刹车失灵了。他迅速把这一情况汇报给哈里中尉。听到这个消息，哈里中尉眉头紧锁，很是无奈。毕竟，眼下没有修好挂车的可能，而挂车还必须转移，不然的话，那重达40多吨的挖土机也就没法转移，可对于机动车来说，刹车失灵是最危险的，更何况是这个满载重物的挂车，简直是致命的损伤。

普列心里也很清楚，而且作为专业司机，他还知道越是泥泞的道路，对没有刹车的机动车来说危险越大，而他们要走的这50多公里的路，几乎全部都是泥泞的山路。怎么办？哈里中尉在一旁说道："如果不把挖土机拉过去，我们根本没法工作，只有靠它才能把桥梁挪开，还有其他办法吗？"这些话像是说给自己，又像是在询问普列。

哈里中尉实在是犯了难，见他如此困窘，普列直言："长官，我可以试试用引擎减速，但如果这样的话，这辆车到了那里，恐怕就要报废了。"普列的话只说了一半，哈里中尉知道他的意思，如果真那么做的话，无异于让普列用生命去冒险换得此次任务的成功。

中尉拍了拍普列的肩膀，没有说话。普列继续说："长官，让我试试吧！"

就这样，队伍出发了。普列一路上胆战心惊，他知道，稍有不慎就可能葬身山谷。终于，普列成功走完了50多公里的山路，那辆挂车也确实报废了，庆幸的是普列还活着，而挖土机也被顺利地运到了工地。没顾得上回顾这一路的艰难险阻，他们就投入了紧张的工作中，很快就将那座大桥修好，恢复了高地的粮食和其他供应的运输。

一个优秀的人，必定是敢于负责的人。倘若连最基本的责任都没有勇气扛起来，无论他多有才华，多有能力，也不可能收获更多的美誉。美国第一位总统华盛顿，一直秉承着恪尽职守的精神，这种庄严的使命感促使他不断努力。他所有的奋斗，不是为了荣誉，也不是为了奖赏，而仅仅是因为心中的那一份责任，即"那是我应该做的正义的事业"。

职责的范围，是不存在固定界限的，它存在于生活的每一个角落、每一个细微之处。无论身份地位的高低、薪酬丰厚与否，每个人的身上都担负着一份相同的责任，那就是把自己该做的事情做好。也许，你的岗位不是那么起眼，职位暂时得不到提升，但只要恪尽职守地去履行自己的职责，不惜付出代价去遵从职责的召唤，就一定能够得到人们的尊重与认可。

● 人物故事 | 陈俊贵：守住誓言，守住心灵的最后阵地

"只为风雪之夜一次生死相托，你守住誓言，为我们守住心灵的最后阵地。洒一碗酒，那碗里是岁月峥嵘；敬一个礼，那是士兵最真的情义。雪下了又融，草黄了又青，你种在山顶的松，岿然不动。"

·一个馒头的故事

1979 年，陈俊贵从辽宁入伍到新疆。为了支援新疆交通事业的发展，他随部队参加了北起独山子、南至库车的天山独库公路大会战。这是一场没有硝烟的战争，先后有 168 位解放军指挥员献出了年轻而宝贵的生命，其中就有陈俊贵的班长郑林书。

时光荏苒，许多往事都被岁月冲刷得淡了，可班长壮烈牺牲的那一幕，却深刻地印在了陈俊贵的脑海里，久久不能忘怀。那是 1980 年冬天，雪下得很频繁，修筑天山公路的基建工程兵某部 1500 多名官兵，被暴风雪围困在天山深处，当时的气温有零下三十多度。面对饥寒交迫的情形，唯一能跟外界联络的电话线也被大风刮断了。为了尽快和 40 公里外的施工指挥部取得联系，得到及时的救援，陈俊贵奉命和班长郑林书、副班长罗强以及战友陈卫星下山请求部队救援。由于任务紧急，时间仓促，他们四个人只带了一支防备野狼侵袭的手枪和 20 多个馒头，就匆忙地出发了。

寒风呼啸，风紧雪急，在海拔 3000 多米缺氧的雪山上，他们四个人艰难地前行着。刚走了一半的路程，他们就已经气喘吁吁，筋疲力尽，体力已经透支到了无法再支撑的地步。可是，想到还有那么多被困在暴风雪中，随时都可能被寒冷、饥饿夺走生命的战友，他们还是打消了休息的念头，连走带爬地前行。

天色渐渐黑了，积雪太深，盘山的便道根本分不清楚哪儿是道路，哪儿是悬崖，一不小心就可能跌入深渊。刺骨的寒风不停地吹，他们四个人手牵着手，带着使命往前走，一刻也不敢停歇。待到天亮时，他们置身于白茫茫的雪原，迷失了方向，随身携带的 20 个馒头仅剩下最后一个。

一天一夜的行走，让他们身上的每一根筋骨都感到疼痛难忍，陈俊贵更是被饿得头晕眼花，时不时地看一眼班长口袋里的馒头。当他们再次看见夕阳的时候，体力已经完全用尽了，几个人跌坐在雪地里再也起不来了。望着那个唯一的馒头，你推我，我推你，谁都不肯吃。陈俊贵建议，把馒头分成四份，每个人吃一口，不料班长直接否决了这个想法，理由是馒头太小，分成四份根本起不了充饥的作用。

情急之下，班长做了一个决定："我和罗强是共产党员，陈卫星是一名老兵，只有陈俊贵是个新兵，年龄又小，馒头让他吃。"陈俊贵说什么也不肯吃，结果班长用命令的方式让他吃，看着寒风中饥饿疲惫的战友，陈俊贵觉得手里的馒头有千斤重，怎么都递不到嘴边。可是，为了完成任务，他还是挂着眼泪吃下了这个馒头。

班长郑林书负责在前面开路，他的身体透支得最厉害，终因体力不支倒下了。临终前，他用尽全身的力气对陈俊贵说了自己的遗愿：一是希望死后能埋在附近的山上，永远看护着战友和这条路；二是有使命在身无法孝敬父母，希望陈俊贵替他去看望一下父母。

带着眼泪用冰雪掩埋了班长之后，陈俊贵和战友继续上路。没过多久，副班长罗强也无声无息地倒下了。陈卫星和陈俊贵在摸索山路的途中掉下山崖，所幸被哈萨克牧民所救，才保住了性命，把施工官兵被困暴风雪的消息报告给指挥部。

1500 多名战友得救了，可是 22 岁的班长郑林书，21 岁的副班长罗强，却永远地在天山上长眠了。陈俊贵和陈卫星因严重冻伤，腿脚留下了重度残疾。3年后，天山独库公路通车，牺牲的英雄们总算可以安息了。

·一句承诺，一生守护

陈俊贵因严重冻伤，在医院接受了长达4年的治疗。病情好转后，他复原回到了辽宁老家，当地政府为他安排了一份电影放映员的工作。随后，他娶妻生子，日子过得平淡安逸，但他时刻都在想念着自己的班长，更没有忘记班长临终前说的话。

当陈俊贵决定去寻找班长的父母时，他才发现，自己根本不知道对方家的详细地址和父母姓名，因为他与班长只相处了短短的38天，唯一知道的情况就是，他是湖北人。这要怎么去找呢？于是，陈俊贵重返当年部队的驻地新疆新源县，想着能在部队找寻到蛛丝马迹。谁知，老部队在独库公路竣工后就迁移并编入武警部队的序列，他在当地费尽周折，还是一无所获。

来到班长的墓前，满心的愧疚让陈俊贵不禁落泪。那天，他和班长说了很多知心话。为了能弥补愧疚之情，能离班长近一点，1985年冬天，陈俊贵辞去了稳定的工作，带着妻儿回到了天山脚下，回到了班长身边，并在离班长坟墓最近的一个山坡上安了家。

在跟随陈俊贵来新疆前，妻子已经做好了吃苦的准备，可真到了这里，才知道苦日子远远超出她的想象。由于陈俊贵的腿受过伤，无法从事重活，一时间也找不到工作，全家人的生计只能靠妻子打零工赚钱，结余还要为陈俊贵治疗冻伤的后遗症，日子朝不保夕。那些年，他们举家食粥，常常因为给孩子交不起学费而遭受白眼，可陈俊贵从来没有后悔过。

他原本计划在新疆待上三五年，找到班长的父母、完成他的遗愿后，就回辽宁老家，谁知这一待就是二十几年。就在他寻找班长父母无望的时候，老战友陈卫星和烈士罗强的父亲从广东来为班长扫墓，陪他们前来的部队干部带来了老部队的消息。陈俊贵很快与老部队取得了联系，找到了老班长家的地址，部队还派人陪他一起到湖北慰问烈属。

在湖北罗田，陈俊贵见到了班长郑林书的姐姐。原来，班长参军后只探过一次家，原因是父亲病重。父亲去世后，家人怕影响他的工作，一直没有告诉他。直到郑林书牺牲时，他也不知道父亲过世的消息，而他的母亲也在 2003 年去世。得知班长的双亲均已过世，陈俊贵在两位老人的坟前落下了悔恨的泪水，责备自己没有早点过来看望他们，没有替班长尽孝。唯一可以告慰的是，总算来到了他的家，完成了他的嘱托，告诉他的父母，此生自己将永远守护班长，他不孤单。

· 天山深处的守墓人

为了纪念在筑路工程中光荣牺牲的英烈们，1983 年政府在尼勒克县修建乔尔玛烈士陵园，纪念碑碑座的正面镌刻着中国人民解放军工程兵部队在筑路施工中光荣献身的指挥员英名，而今这里已经成为红色革命教育基地、党员模范教育基地、国防教育基地，它的意义恰如碑文所言——人是躺下的路，路是竖起来的碑。

同年，尼勒克县委、县人民政府找到陈俊贵，希望他能为乔尔玛烈士陵园做出更大的贡献，为他解决了城镇户口和事业编制。这更加坚定了陈俊贵为班长和筑路英烈们守墓的决心。不久后，他将班长郑林书和副班长罗强的遗骨迁到乔尔玛。

2008 年 12 月，尼勒克县再投资 60 多万元，建立了烈士纪念馆。如今的陈俊贵，不仅在乔尔玛看护陵园，还当起了义务讲解员，把一件件烈士事迹讲给前来瞻仰的人们。曾经从生死线上走过来的他，愿意用一生为班长和筑路英烈们守候，尽管只是一名普通的陵园看护者，可他已经把一份沉重的责任融进了自己的骨子里，那份责任就是——让所有的人都知道并铭记天山深处的筑路英雄！

做好每一件事，哪怕是小事

● 细节决定成败

1485 年，英国国王查理三世准备和凯斯特家族的亨利决一死战，此次战役决定着英国的前途和命运。战斗打响前，查理派马夫装备自己最喜欢的战马。

马夫发现马掌没有了，就对铁匠说："快点给它钉掌，国王还要骑着它冲锋陷阵呢！"

铁匠回答说："你得等一等，前几天因为给所有的战马钉掌，铁片已经用完了。"

马夫不耐烦地回答："我等不及了。"

铁匠埋头干活，从一根铁条上面弄下了四个马掌的材料，把它们砸平、整形，固定在马蹄上，而后开始钉钉子。钉了三个马掌后，他发现没有钉子了。

铁匠对马夫说："我缺少几个钉子，得花点时间砸两个。"

马夫急切地说："我告诉过你，我等不及了。"

"没有足够的钉子，我也能把马掌钉上，只是它无法像其他三个那么牢固。"

"能不能挂住？"马夫问。

"应该能，"铁匠回答，"但我没有把握。"

"好吧，就这样吧，"马夫叫道，"快点儿，不然国王会怪罪我的。"

铁匠凑合着把马掌钉上了。

很快，战役开始了。查理国王冲锋陷阵，鞭策士兵迎战敌军。突然，一只马掌掉了，战马跌倒在地，查理也被掀翻在地上。受惊的马跳了起来，国王的士兵也吓坏了，纷纷转身撤退，亨利的军队包围上来。

查理在空中挥舞着宝剑，大声喊道："马，一匹马，我的国家倾覆就因为这一匹马。"从那时起，人们就开始传唱这样一首歌谣："少了一个铁钉，丢了一只马掌；少了一只马掌，丢了一匹战马；少了一匹战马，败了一场战役；败了一场战役，失了一个国家。"

这个故事很多人都听过，它的意义就在于告诉人们：细节决定成败。凯撒大帝曾经说过："在战争中，那些重大事件往往就是一些小事情造成的后果。"对军人来说，只有命令和任务，没有大事小事之分，交到自己手上的每一件事，都必须认真做好。

要知道，普通人的纰漏和失败，也许仅仅意味着一个小小的事故，或是损失一定比例的奖金。可对于军人来说，手中的权力、肩上的担子、身上的任务都有着与普通人截然不同的危险性和严重性。

在第一次世界大战中，法国司令官收到消息，法德前线阵地上的一个法军的秘密指挥所遭到了德军的轰炸，人员伤亡十分惨烈，当地最高指挥官身亡，文件设备损失殆尽。这对于当时的法军来说，无异于灭顶之灾。因为，这个指挥所隐蔽良好，一直以来都承担着重要的侦查和部署指挥任务，称得上是当地法军的绝对中枢。

法军高层十分重视这件事，下令彻查秘所受袭事件。原本，他们以为是自己内部有德军的间谍，并在电报通信方面做了调整，可没想到，最终调查推断，导致秘所暴露的罪魁祸首很有可能是殉国指挥官豢养的一只宠物猫。显然，这位指挥官在战地中，依然保持着法国人与生俱来的浪漫情怀和生活情调。只可惜，那只猫带给他的不仅仅是温情的陪伴，还有死亡的号角。

慵懒的猫习惯每天中午在秘所的屋顶晒太阳，这被细心的德国侦查员发现。由于猫的品系很特殊，且不具猎食性，德国人推断这很有可能是一位身份地位较高的人士养的宠物。一旦有了怀疑，顺藤摸瓜就成了必然。结果，德国人很快就发现了这个法国的重要基地，并发起了袭击。

可见，表面上看起来微不足道的纰漏，却有可能导致全局的败落。这就是典型的蝴蝶效应。任何一个细节上的错误都可能让为达成目标所做的努力付诸东流。所以说，细节决定成败，只有重视了别人眼里无所谓的细小方面，才能确保目标顺利达成。

艾森豪威尔曾经说过："每一个细节背后都蕴涵了伟大的力量。"

对军人来说，在战场上，忽视了细节，输掉的可能就是无数条生命，大错的铸就往往来自对小错的疏忽，若能避免一切小小的失误，就可以减少巨大的意外挫折。

知细节，才能求细节。细节存在于生活和工作的方方面面，细节就是机柜上少拧的几颗螺丝钉、就是脚下少挖的一锹土，就是失败之后常常让我们懊悔的平时不起眼的东西。平日训练中多考虑一些细节，战时就可能少流一滴血，多一分赢的希望，不是吗？

● 做好小事才能做大事

那是一次军事演习，在亚利桑那州市郊的空军基地，飞行员葛尔和雷达观测员吉布斯听到一声报警后，迅速地在 5 分钟内由熟睡的状态转为飞行状态。这期间，洗澡、梳头、刮胡子、看报等活动都是不可能的。

这是一次飞行演习，在此之前他们已经演练过上千次了。他们信心满满，因为从飞行服到驾驶舱的安全带，都做了精心的准备，以便能够在紧急起飞时以最快的时间达成最优化的效率。演习不允许有任何拖延，吉布斯和葛尔在跑道尽头的一个房间里待命。这一刻，所有飞行前和起飞过程中的细节，就像是电影一样在他们的脑海里放映，在反复操作后，这些动作完全成了一种惯性：一只手调节操纵杆，发动引擎，一只手紧扣安全带，一连串烦琐却又至关重要的动作……所有的准备都是为了在敌机把自己困住之前飞向天空。

紧急起飞的号角响起了，吉布斯和葛尔立刻投入了"战斗"状态。他们迅速穿好飞行服，钻进机舱。葛尔熟练地将战斗机驶向跑道，点燃引擎，一切都很顺利，13 秒的时间里，他们的时速就达到了 200 千米。

整个过程进展得非常完美，没有任何偏差。可就在飞机升空的同时，意外情况突然发生了。葛尔听见了异常的轰轰的声响，像是有人在机外用钻头钻机身。机舱是封闭的，这个声音到底是从哪儿发出来的呢？

葛尔进行了侧飞，要求监控塔中的工作人员对飞机外部进行检测。结果，监控人员告知，飞机一切正常。就在这时，吉布斯发现了事故的原因，他告诉葛尔，由于出发时太匆忙，他忘记系肩带了。现在，那个大大的金属扣悬在机舱外面砰砰地敲打着，当飞机时速达到几百千米时，那砰砰的声音更加猛烈了。

怎么办呢？葛尔决定立刻停飞着陆，但吉布斯却建议把肩带剪断，他希望能挽救自己的过失。但是，剪断肩带意味着金属环有可能被收入左侧引擎，那将会引发一场更大的灾难。最后，葛尔决定让肩带保持原状，果断地着陆。

就这样，葛尔和吉布斯的飞行任务失败了，指挥官对此严重不满，他们牵连所在部队在总部的战备检查团面前蒙羞了。葛尔和吉布斯遭到了指挥官前所未有的拷问，这个没有扣好的小小的肩带，几乎毁了他们所驾驶的飞机。

事后，吉布斯为自己的疏忽大意付出了代价，他必须独自背负 65 磅重的梯子和降落伞，对全组 18 架战斗机逐一进行彻底检查。

扣好肩带，这几乎是从一入学开始就被要求做无数次练习的训练，是一个小到不能再小的细节，就如同开车扣安全带一样。葛尔和吉布斯大概从来没有想到，他们的飞行任务会因为这个小失误导致失败，并遭到严厉的惩罚。可话说回来，连小事都做不好，又何以成大事呢？

这个世界上任何伟大的成就，都源自对细枝末节的积累，所有的成功者都是从小事做起的。哪怕是最伟大的计划，在执行的时候，也必须从小处着手。做不好小事，会有什么样的后果？让我们看看生活中的这些情形——

刹车系统失灵，导致严重的交通事故；一节油管不通，导致飞机失事；一节 30 块钱的小电池坏了，导致美国的太空 3 号快到月球却无奈返回，让酝酿多年的航天计划泡汤，几亿元的成本报废……不起眼的小地方，往往藏着魔鬼，你忽视它的存在，它会让你付出巨大的代价，甚至掉进万劫不复的深渊。

军队是十分重视纪律和规矩的地方，之所以有这样严苛的要求，是为了让军人养成认真对待每一件事的习惯，能够重视别人忽视的事情。恰恰是这一点区别，决定了他们在日后的较量中，能否战胜自己的对手，立于不败之地。

石油大亨洛克菲勒说过一句话："我成功的秘诀就在于重视每一件小事，我是从一滴焊接剂做起的，对我来说，点滴就是海洋。"

一个人的品行优劣，自律性高低，最直接的表现就是他对待小事的态度。如果一个人对只要是正确的事情，无论多么微小，都愿意认真去完成，那么他一定会因优秀的自律性而受到他人的尊敬。倘若因为事情微不足道，就掉以轻心、不屑一顾，那么他绝不是一个值得信赖的人，也难以被委以重任。

世间所有的大事都是由各种小事组成的，想要做好大事就必须做好所有的小事。而一旦做好了所有的小事，最终达成的目标也会臻于完美。当你能够坚持把身边所有的小事都做好，或者说把所有小事都当作大事来认真对待，你会比不具备这种认真态度的人拥有更大的优势，或者说，至少你会比之前的自己更加优秀。

● 人物故事 | 华益慰：做一个值得托付生命的人

作为一个以拯救生命为天职，承载着社会道德最厚重部分的职业，医生应该如何面对病人？在一个充满诱惑的时代，医生手握锋利的手术刀，如何能保证心灵不被腐蚀？

有一位军医，他就像一面镜子，折射出了最好的答案；他散发的光芒，照射着所有用心在不同职业、岗位上坚守的人。他，就是把全部爱心奉献给人民，把毕生精力倾注在军队医学事业上，原北京军区总医院普外科主任华益慰。

· 一生就想做一名好医生

1933 年，华益慰出生在天津的一个医学世家；1950 年，他从南开中学毕业后被保荐到协和医学院燕京大学医预系；1953 年，他积极响应党的号召，被调往军医大学学习，入伍参军。这一次的选择，决定了他未来的人生方向。

1960 年，华益慰刚刚参加工作不久，当时军队组织了支援西藏医疗队，而他并不在名单中。为了能够去援藏，他再三向组织申请，最终得到了批准。为此，他推迟了一年的婚期。在给父母的信中，他这样写道："我怀着极度兴奋的心情向你们报告一个好消息，我已被批准成为支援西藏手术医疗队的一员，任务既艰巨又光荣。"

在援藏的日子里，华益慰表现十分出色，被评为"积极分子"。这一次的经历，也让他真正体会到了什么叫作吃苦耐劳，什么叫作军人，什么叫作战士，并切身地理解了军人的荣誉与职责，以及要承载的使命。

1975 年海城地震，1976 年唐山大地震，华益慰都义无反顾地奔去抗震救灾一线。在唐山救灾的半年多时间里，他的妻子患了重病，妻儿三人无人照料，即便是这样困难的时刻，他也没有向组织提过任何要求。

1981 年，华益慰的妻子张燕容患直肠癌住进了他所在的科室。那天，给妻子做完手术后，他再也抑制不住内心的痛苦，把自己关在办公室里痛哭。他觉得亏欠妻子的太多了。妻子也出生在一个医学世家，是他的大学同学，这些年为了减轻他的负担，妻子几乎把家里所有的事情都扛了起来，她真的是太累了。

1985 年，华益慰的母亲病危，住在 301 医院。老人走的那天，刚好华益慰有一台手术，等他做完手术赶到医院的时候，母亲已经走了。第二天早晨，简单地办完母亲的丧礼后，他就匆匆赶回医院，重新站在手术台旁。华益慰不是不懂亲情，可他更知自己的责任，用妻子的话说："老华这一辈子活得体体面面、坦坦荡荡，很少为自己活着、为家人活着。"

1998 年，华益慰退休了。以他的名望，在社会上赚大钱的机会很多，可他依然像退休前一样，坚守在医院临床工作一线。因为找他的病人太多，点名预约的手术不断，他就像普通医生一样，出门诊、管病人、查房、做手术，每天都安排得满满的。

妻子常常劝他，年纪大了，不能再像年轻时那样了，可华益慰却说："病人来找我是对我的信任，不能推辞。"他每周只有一天出专家门诊，有的患者为了挂他的号要等好几天，考虑到病人看病心切，华益慰经常提前上班，约病人到病房看病，或是约他们到家看病。

华益慰从不要求组织的特殊照顾，他把为病人看病视为自己的天职。年过七旬的他，依然坚持每年做100多台手术，有的手术一做就是十几个小时，常常累得大汗淋漓，两层手术衣都被汗水湿透。由于体力不支，他还专门准备了一个高凳，实在坚持不住的时候，就坐在凳子上为病人做手术。

直到2006年7月25日，华益慰被初步诊断为胃癌，他依然平静地走进手术室，为预约好的病人成功地做了手术。那是他从医56年来的最后一台手术。

·病重中依然坚守大医大爱

华益慰一生都在严格要求自己，从来不愿给组织添麻烦，即使是患了胃癌，他想到的依然是尽量不给组织添麻烦。他总是跟家人说："这次生病以来，医院领导非常照顾，我很满足，不要再给组织添麻烦了，转告科里和院领导，治疗尽量简单，不要再浪费宝贵的资源了，只要能减轻些痛苦就行了。"各级领导到病房看望他时，总会问还有什么要求，而他的回答永远是："没有什么，我很知足。"

当华益慰得知医院和上级要总结宣传他的事迹时，他不断地叮嘱妻子，找领导汇报要实事求是，不要拔高，不能有半句假话。他说："我这一辈子只想当一名病人信任的好医生，千万不要搞那些虚假的东西误导年轻人。"

对于胃癌的治疗，由于发现时已是晚期，华益慰接受了常规治疗，做了全胃切除手术，就是把胃全部拿掉，将小肠直接与食道接起来。由于没有贲门了，碱性的肠液和胆汁直接往上返，病人会出现反流、烧心等症状。术后，华益慰反流非常严重，食道总是烧得疼，嗓子也被呛得发炎，就连耳咽管都被刺激得很疼。

全胃切除的痛苦尚未结束，他又接受了腹腔热化疗，一个月共做了8次，人都没有喘息的机会。通常，在化疗结束后，副反应会慢慢减轻，病人能恢复进食。可是，化疗结束后两三周后，华益慰依然恶心、呕吐，检查发现是回肠末段肠梗阻。在这种情况下，他又进行了第二次手术，没想到手术后，肠吻合口漏了，腹腔受到了严重的感染，肠道已经无法恢复了。这个时候，就算没有癌症，人也很难活下去了。

第二次手术失败后，华益慰从ICU转到了肝胆外科。看着他如此痛苦的样子，许多医护人员都哭了，而他却表现得很平静，总是面带笑容。在生命最后的这段日子里，尤其是做了全胃切除术后，华益慰承受了巨大的痛苦，也对胃癌治疗的方法进行了深刻的反思。

他说："我从前做了那么多手术，但对术后病人的痛苦体会不深。没想到情况这么严重，没想到病人会这么痛苦。全胃切除带来的不光是吃饭的问题，还有术后反流的问题……做全胃切除，病人遭受的痛苦太大。以后做胃切除时，能不全切就不要全切，哪怕留一点点胃，就比全切强，病人就没那么痛苦。"

通常，医生在治疗肿瘤患者时，想的是如何将肿瘤清除干净，避免复发，只关心手术做得是否成功，有没有并发症，而并不知道病人的感受。病人不懂医学，认为很多反应是正常的，就应该这样。然而，当华益慰从医生转化为病人，他从病人的角度对这一医学问题有了新的认识，如果病人术后的生活质量可能会受到严重的影响，那么手术的范围宁可"小"一点，也要保证病人术后有一个良好的生活质量。

外科的一位主任医师表示，华主任的建议对他们而言是一笔宝贵的财富。在为今后的胃癌病人治疗时，他们改进了手术的方法：能不全切的尽量不全切，必须全切的就想办法把胆汁和肠液引流掉，减少反流，并想办法用肠子成形后代胃，让食物仍然可以像在胃中一样停留一下，这样病人就舒服多了。

在生命晚期，承受着巨大痛苦的时候，华益慰依然坚守着他的大医大爱，以切身的痛苦思考着毕生追求的医术，念念不忘病人的感受。对于任何一位癌症晚期患者，评价癌症治疗的两个要素缺一不可，那就是延长生命和生活质量。华益慰一生医人无数，而在生命的最后阶段，他所感悟到的是："我们当医生的，不能单纯治病，而是要治疗患了病的病人啊！"

·把一切都交给热爱的事业

华益慰在接受了手术治疗后，忍着痛苦把自己当成一本"活教材"，向临床医生传授医术。他找到医院的病理科主任，握着对方的手说："我的病情多次检查未能确诊，手术后可能见到的所有并发症都同时出现，这是我行医 56 年里从来没有遇到过的，所以一定要做尸体解剖，看看能不能有所发现，也好给后人积累一点经验。"

不仅是他自己，就连华益慰的父母、岳父母四位老人，也都在去世后把遗体捐献给了医院，用于医学解剖。一套父母脏器标本的教学切片，是老人留给儿女的唯一纪念。而今，华益慰也要这样做，对于一个高尚的灵魂来说，死亡是一次新的升华。

2006 年 8 月 12 日 18 时 36 分，华益慰病逝。

在华益慰的遗嘱里，有这样一段话："……身后的一切形式都不再有意义。我愿以我父母曾经的方式作身后的安排：不发讣告；不做遗体告别；不保留骨灰；自愿做遗体解剖。此事希望委托丁华野教授安排，对疾病的诊断和医学研究有价值的标本可以保留。其他有关事情，我愿按照我妻子张燕容的安排进行。"

华益慰走了。人之故去，痛彻心扉，但，生命是有力量的。他带走的是高大的身躯，留下的是永生的精神。面对病人，他奉献了自己精湛的医术和忘我的仁慈，在他眼里，病人只有病情轻重之分，没有高低贵贱之分，无论对方的身份如何，他投入的都是自己医德医术的全部。所有的患者都感觉，这是一个值得托付生命的人。

华益慰一生追求崇高与完美，用自己所有的精力，践行了共产党员的先进性，履行了军人的神圣职责，树立了"白衣天使"的美好形象。他用几十年的努力，实现了一生就想当一名好兵、做一名好医生的理想。在他身上，我们切实地感受到了信念的力量、平凡的伟大，也感受到了人格的魅力、道德的光辉。

生而为人，一次做好一件事不难，难的是一辈子做好一件事；一个人的能力有大小之分，可若有了坚守本职的精神，就可以创造不凡的人生。华益慰做到了，你我也可以做到。

有信念的支撑，才有精神的力量

● 信念是人生的导航

一支远征他国的军队穿过一片白茫茫的雪地。突然，一位士兵倒地不起，他大声喊道："天呐，我看不见了，我什么都看不见了！"过了一会儿，又有士兵说自己的眼睛失明了，随后报告失明的士兵数量迅猛增长。

军官们很疑惑：到底是怎么回事？这些平日里通过各项视力检测的精英们，为何瞬间失去了辨别事物的能力？直到很久以后，真相才被揭开。

原来，罪魁祸首就是白茫茫的雪地。在雪地里，人们长时间找不到一个注视的目标，就算能够分辨出方向，但由于心理上的茫然无措，没有一个真实存在的目标让他们的眼睛停驻，他们就会在白茫茫的雪地里不停地搜索着落点，不肯停歇。他们不知疲倦地搜索着这个世界，直到眼睛因为过度疲劳而失去光明。

人生就像是一次远途，在行走的过程中，必须有一个目标和信念，不然的话，就会像那些远征军的眼睛一样，在不断地搜索、期待、继而破碎的恶性循环中，渐渐地失去希望。美国著名心理学家赛利曼博士，在二十年中找了上万人来完成关于信念的心理实验，结果表明：缺乏信念的人往往会自暴自弃，继而生出病来，甚至会失去生命。

一家食品公司的机械维修员，平时工作很认真，只是对人生显得很悲观，经常以消极的态度去审视这个世界。有一天，员工们都赶着去给经理庆生，大家相伴而行，没有人注意到这个维修员被反锁在一个待修的冰柜里。

第二天早晨，员工们陆续来上班，打开冰柜却发现他晕倒在里面。他们迅速把他送到医院，可医生却说，他已经没有任何生命迹象了。经过诊断，他是被冻死的。这样的结果让所有的员工瞠目结舌，要知道，冰柜是待修的，根本没有打开冷冻开关，且冰柜里有足够的氧气供人呼吸，而他居然被"冻"死了。

是什么夺走了维修员的生命？不是封闭的空间，而是他心中的冰点。他在被锁的时候，心里一直悲观地认为，自己一定会死，以至于忘了去观察周围的环境。一个失去了生存信念的人，早已经放弃了生存的意愿，他怎么可能活下去呢？

信念是一个人的精神支柱和动力源泉，拥有坚定而正确的信念，直接决定了人生的意义和价值。红军长征主要有三支大军：红一方面军翻山 18 座，跨河 24 条，历经 11 省，行程一万五千里；红二方面军行程一万七千里；红四方面军行程一万里。在途中，红军几乎每天都有一次遭遇战，平均走 360 多里路才休息 1 次，每天行军 74 里。在长征途中，爬雪山、过草地是最难熬的，草地的水中多数都有毒素，伤口被水一泡，就红肿溃烂。有的人口渴难忍，喝上两口，就会肚子发胀，发病甚至死亡。

红军长征出发的时候有 20 多万大军，可到会师的时候，只剩下了几万人！长征途中，有难以想象的艰难困苦，可红军依然用双脚走出了中国军史乃至世界军史上的奇迹！他们靠的是什么？就是坚定的理想信念！

一个人如果不能坚定正确的理想信念，就会迷失方向、堕落变节；一个国家、一个政党如果不能坚定正确的理想信念，就会走向衰亡、铸成历史悲剧。历史证明，理想信念的争夺既是一场针锋相对的攻防战，更是一场反复较量的持久战，任何时候、任何情况下都不能有丝毫的麻痹和懈怠。

汶川抗震救灾中，从 4999 米高空伞降的空降兵 15 位勇士，在地震当天递交的请战书里，都不约而同地写道："我愿付出自己的一切，去挽救灾区人民的生命，实现我们军人的价值。"简单的一句话，淋漓尽致地展现出了当代军人的信仰。他们也有着红军长征时那份坚定不移跟党走的精神，坚持党对军队的绝对领导，在党和人民需要的关键时刻挺身而出、甘于献身；在国家危难之时义无反顾、舍生忘死。

有位哲人说过："一个人的脊梁，支撑他的更多的不是骨头，而是信念和意识。"

一支军队的脊梁，不是武器而是它的信念和军魂。一支没有信念的军队，也就没有了动力，一支没有军魂的军队，也就没有了战斗力，必然会垮塌失败。所以我们必须始终坚定理想信念，铸牢军魂意识，才能在漫长的军旅人生中走得更好、更远。从个人成长上看，信念也是引导人生航向的指明灯。有了信念，才能在困难挫折面前勇往直前，才能在大是大非面前保持清醒、站稳立场，才能在生死考验面前慷慨从容、正确抉择。

所以，守住自己的信念吧！哪怕它只是秋天的最后一片落叶，也会坚持到最后坠落的那一刻；哪怕是一棵枯萎的小树，也有枯木逢春的一天。有信念的人生，永远不会丧失力量！

● 信念付诸行动

是不是心中有了信念，就可以实现理想，无悔于人生呢？

美国第 34 任总统、五星上将艾森豪威尔给出的答案是："任何语言都是苍白的，你唯一需要的就是执行，一个行动胜过一打计划。"

是的，信念不仅仅是心里的想法，更重要的是付诸行动，在实践中去完成自己的理想，实现自己的价值。因为，再崇高的理想也不是一下就完成的，它更多地体现在日复一日的坚持中。很多人看到特种兵在作战时的优异表现，都不禁啧啧称赞，敬畏他们的英勇无畏，以及对国家和人民的无私奉献，可很少有人知道他们为了这份信念在背后付出的辛苦。

下面是一位特种兵在侦察连时的日程表：

早晨 5:30 起床，身负 20 公斤的重物跑步 5000 米，这是一项看起来难以完成的任务，但由于长期坚持不懈，他们最终都可以身轻如燕地完成。

上午 8:00 训练挂钩梯上下和铁丝网来回各 300 余次，没有一个人不是大汗淋漓，但没有一个人说"不"。坚定的信念化作了执行的动力，正因为此，他们能从最初的咬紧牙关到后来的训练自如。

上午 10:00 到健身房训练，拉力器和臂力棒各完成 100 下，15 公斤哑铃举 150 下。就算肌肉拉伤也不能成为休息的借口，任务在每个人面前都是公正、公平、必须完成的。

13:30 抗暴晒形体训练，要求士兵赤臂在酷热难耐的条件下手持机枪，枪口处悬挂一块砖头，保持高端平举的姿态，一动不动暴晒一两个小时。这样做的目的，是为了提升士兵的定力和耐力。

16:00 训练射靶 1 个小时，随后相继展开倒功、俯卧撑、散打、硬气功等训练。拳头俯卧撑是考验意志力的最好办法；散打能看出一个人动作的灵敏度；硬气功和铁头功都是长久成效的训练项目。

这就是一个特种兵完整的一天。他们在战斗中表现出的执行力、高效率、意志力，绝不是与生俱来的，也不是空有一份信念就能够突然爆发的，而是在日复一日的训练中培养出来的。每天完美地重复那些看似不可能完成的任务，把令行禁止、雷厉风行的作风融入本性当中，在信念与执行之间搭建了一座桥梁，在危险和困难来临的时刻，义无反顾地冲上去。

2016 年 1 月，习近平总书记在重庆调研时特别强调了"理想信念"的建设问题。他明确指出，"不能把理想信念只当口号喊"。理想信念的坚守不仅仅是一个认识的问题，更是一个实践的问题。一个人的理想信念是否坚定，体现在大是大非面前能否不含糊、不退让，体现在重大原则的问题上能否不随波逐流，体现在日常生活中的每一个细微的举动。

无论是顺境还是逆境，对信念的坚守都离不开行动。信念只有在积极的行动之中，才能够生存，才能够得到加强和磨炼。恩格斯说过："判断一个人当然不是看他的声明，而是看他的行动，不是看他自称如何如何，而是看他做些什么和实际上是怎样一个人。"

信仰信念之力，可胜顽敌，可撼山岳。真正的信仰信念，不是停留在口头上，而是要用自己的行动乃至生命去践行。就像一位记者所言："把信仰信念内化于心、外化于行，思想上返璞归真，党性上固本培元，则党员形象必然高大，军人样子必然可爱。"

人物故事 | 黎秀芳：有爱的世界是灿烂的世界

她，一生 6 次申请入党，执着地等了 26 年，直到 61 岁才如愿以偿；

她，远离旅居海外的亲人，孑然一身，默默地在祖国的大西北奉献着；

她，倾注全力，开创了我国护理制度的先河，奠定了中国现代科学护理的基础；

她，一生未婚，却拥有一个温馨的"大家庭"和无数的"儿女"。

她，就是我国护理事业的先驱和奠基者之一，全军首位"南丁格尔奖"获得者，兰州军区兰州总医院专家组成员，黎秀芳。

·追寻"提灯女郎"的足迹

1917 年 3 月 3 日，黎秀芳在南京的一个书香之家出生了。她的父亲黎离尘，毕业于金陵大学，毕业后担任教员，曾任国民革命军遗族学校主任，后历任南京国民政府励志社副总干事，佩戴过中将军衔。

黎秀芳是家中的长女。她五岁那年，母亲患肺病去世，继母死于难产，父亲再次续弦。父亲对她的管束很严，很早就辅导她念《千字文》，所以她的语文、数学成绩很好。从南京女子中学毕业后，父亲希望黎秀芳学习法律或文学，可她却违背了父亲的意愿，毅然考入了当时中国唯一的护士学校——南京国立高级护士学校。

选择做护士，不是一时冲动的抉择。黎秀芳经历过亲人患病离世的痛苦，加之有一位要好的同学在南京中央医院做护士，经常给她讲南丁格尔的事迹，她深受感染。自那以后，美国诗人朗费罗的那首《提灯女郎》经常在她的耳边回荡："在英国伟大的历史上，有一位'提灯女郎'，将给优秀的英雄女性，树立起高尚的榜样。"

当时的中国非常缺乏护理人才，黎秀芳因为崇拜南丁格尔，最终决定将护理作为毕生追寻的事业。她渴望循着南丁格尔的足迹，怀揣着一盏无比温暖的灯，去实现自我的人生价值。从那一刻起，这就成了她人生中最坚定的信念。

·到西北去，到延安去！

黎秀芳经常会说这样一句话："人的一生可以有这样或那样的缺憾，但不能有理想和信念的缺憾。"信仰是一个人的灵魂，为了这一信念，她奋斗了一生，追求了一生。

当黎秀芳走进了南京国立中央高级护士学校之后，还没有来得及实现"医学救国"的梦想，抗战就爆发了。1938 年，黎秀芳参加了共产党人吴玉章在长沙的一次演讲，那个贯彻耳畔的声音就像一盏明灯，给正在徘徊的黎秀芳指明了人生的方向——"青年学生们，到西北去，到延安去，保卫我们的大后方！"

那一刻，黎秀芳决定，要跟着党走！

她跟很多热血青年一起签名，想要到西北去，到延安去。无奈的是，她因为尚未毕业，没有得到批准，只能含着热泪送走第一批奔向大西北的同学。1941 年，黎秀芳毕业了，她先后在重庆、武汉等地从事护理工作。那年冬天，她终于如愿以偿，来到了兰州。

1943 年的一天，正在"兰州中央医院"病房里抄写病例的黎秀芳，被叫到了院长办公室。院长问她："中华护理学会总会为了开发西北的护理教育事业，决定创办西北第一所公立职业高级护士学校。我们考虑由你兼职护理教员最合适。你同意吗？"

"我愿意！"随后，她就投入到了西北第一所公立职业高级护校的筹建和教学工作中。没有校舍，她跟同事就把一排简陋的平房修整后使用；

缺乏教师，就多方聘请；教材不足，就自己动手编写讲义。教育实习中所用的绷带、枕套、被褥，全都是她跟同事一针一线缝出来的。忙活了十个月，基本条件总算具备了，黎秀芳就开始招生。

当时，西北地区的妇女思想观念比较落后，谁都不愿意走出家门，一听说要去当护士，都不肯来。黎秀芳挨家挨户地做工作，第一届高级护士班到开学时只有 5 名学员。即便如此，她还是把所有精力都投入到护校的教学工作中。

1945 年，黎秀芳考入北京协和医护师资专修科进修，成为全国选出的 10 名学员之一。实习期间，她撰写了《怎样普及营养学》的学术论文，在美国《妇女友仁会》杂志发表后，获得了 500 美元的奖金。她把这笔奖金全部捐献给了学校，建立了营养学实验室。1948 年，黎秀芳因工作出色而被委任为校长。

· 把一生的爱献给护理事业

从创办高级护士学校开始，黎秀芳在此后的几十年里，一直让自己的学生牢记南丁格尔的名言："护士工作的对象，不是冷冰冰的石头、木头和纸片，而是有热血和感情的人。护士必须具有一颗同情心和一双愿意工作的手。"

这一理念，她坚守了一生。

她创立并完善的"三级护理"等制度，将中国医院护理从"无序"引向了有序，奠定了新中国现代科学护理的基础。到现在，"三级护理"制度依然还在使用；她所倡导的"走路轻、说话轻、关门轻、操作器械轻"的原则，依然挂在很多医院的走廊里。她最不愿意看到的，就是个别护士不热爱护理工作，不认真钻研业务，对病人冷漠的态度。

黎秀芳对学生的要求很严格，很多学生都有点怕她，生怕一个动作做不到位而挨批。黎秀芳的一位学生提起老师当年的教诲，依然记忆犹新：

"培养一个合格的护士，要像创造一件艺术品一样精雕细琢。要从思想、作风和技术上，严格按照科学的规律、专业的特点和病人的需要去要求她们。"

有一回，黎秀芳生病住院，看到一位学员在病房整理床铺时，没有按照正规的铺床法操作，她立刻站起来，打开床单被套，迅速地做了一下示范。"你再做一遍。"看到这位学员正确操作之后，她和蔼地说："这就对了。病床是病人生命的摇篮，床单皱巴巴的，危重病人躺上去会不舒服的。"

黎秀芳一生未婚，对这件事很多人不解，她却说："这没什么，南丁格尔不也没有结婚吗？我对自己的选择从没有后悔过。"她不是缺乏感情的人，只是在新中国成立后，妇女好不容易有了独立的人格和地位，她不愿意因家庭的缘故而分心。在她看来，专注事业的人生，才是真正的人生，她要把全部的爱都毫无保留地献给护理事业。

·毕生愿望就是加入中国共产党

1952 年 7 月 12 日，而立之年的黎秀芳郑重地向党组织递交了第一份入党申请书，表达了对党的热爱和追随。可惜，后来她被定为旧官僚家庭出身，在入党时遇到了障碍，但这依然没有动摇她追随共产党的决心，直到 60 岁那年，青丝变成两鬓斑白，她才如愿以偿。

黎秀芳的政治敏感度非常强。有一次，她带着几个学生到甘肃天水参加该省的一个护理学术交流会。会议期间，大家到麦积山游览，那里有一个仙人崖，风景很美，且有不少山洞和寺庙。当时，一个年轻的护士觉得很好玩，就买了一炷香跪到前面去拜。黎秀芳看到她，就把她叫到院子里，说："你是一个党员，还穿着军装，怎么能在这里烧香磕头呢？你的信仰是什么？"在场的还有许多老同志，但谁也没有意识到，大家都觉得很惭愧。

黎秀芳的学生曾经这样评价她："校长认定的事永远不会变，就像她对党的忠诚，坚贞不移，一生不变；校长最激动的时刻是她加入中国共产党的时刻；校长最喜欢的两首歌是：《我是一个兵》、《人民军队忠于党》；校长最欣慰的事情是，看到自己的学生在护理事业上取得了成绩……"

· 为了事业与亲人隔海相望

黎秀芳在选择了留在北方从事护理，选择了追随党的那一刻，就选择了与家人的分离。

她的 68 位亲人全部在海外，只有父亲的坟茔和她留在国内。她从南方初到兰州的时候，生活上很不习惯，父亲多次写信催促她回南京，然后随家人去美国。那些夜晚，她一直辗转反侧，不断地思考："这里苦吗？确实苦。可如果因为怕苦而退缩，这不是我的性格。要成就自己热爱的事业，再苦也要坚持下去。"就这样，她选择留在了兰州。

新中国成立前夕，黎秀芳的父亲赶到兰州，劝她离开，可她却说："我是护士，病人需要我，我不能跟您走。"就这样，她与家人一直隔海相望。

黎秀芳身上一直戴着一块黑色皮带的外国手表，就算是生病住院，也不愿意取下。有一次，她在昏睡时，护士给她擦身体，发现这只表的指针已经不走了。护士担心手表划伤黎秀芳，就取下交给护士长保管。

半夜，黎秀芳醒来发现手表不见了，心急如焚。护士长接到电话，连夜把表送了回去。那一刻，黎秀芳泪流满面，她说："你知道我心里最痛的是什么吗？每次一想到我父亲，我的心就特别地痛。这块表是父亲和我分别时送给我的，几十年来它一直陪伴着我。表不在了，就意味着我和父亲分开了……"

1981 年 6 月，组织批准黎秀芳到美国探亲。临行前，很多人都在议论，说她这次出去恐怕不会回来了。可事实并非如此，黎秀芳到了美国以后，走访了 11 所著名的护士大学，学习美国在护理和管理方面的经验，家人说她不像是来探亲的，更像是出差。

假期结束后，黎秀芳的母亲劝她留下来，可她坚持要回去，说自己的事业在祖国，国内有组织的关怀和同志们的照顾，不必担忧。回国后，她先后在北京、上海、天津等地作了数十场访美报告，她讲述的世界护理发展的现状，在军内引起了强烈的反响。

·怀揣信念，终获"南丁格尔奖"

赤子之情不泯灭，奉献一生不后悔。

入党后的黎秀芳，每个月一领到工资，第一件事就是主动缴纳党费。每次过组织生活，她都会郑重地穿上军装，认真准备。她把一生的积蓄80万元全部捐献给了医院，剩余的钱都缴纳了党费。

她为党的护理事业，倾注了一生的心血。这份付出，也收获了诸多珍贵的礼物。1987年，她被评为"中华护士学会先进工作者"，同年12月，兰州军区首长授予她"模范护理专家"荣誉称号。1990年，卫生部授予她"全国模范护士"的荣誉称号。1991年，国务院每月发给她政府特殊津贴100元。1997年5月，她荣获第36届"南丁格尔奖"。2001年1月1日，她获得"国际医学成就奖"。

这样的殊荣，让同行内许多青年学生羡慕不已，不少学生问黎秀芳："怎样才能尽快实现个人的理想？"已是耄耋之年的黎秀芳，摘下眼镜，语重心长地告诉这些后辈："只有把个人的追求同党和人民的需要联系在一起，理想才不会成为空想。"

2005年，黎秀芳病重住院后，她的家人特意从美国赶来，想接她到美国治疗。结果，她还是选择了留下，她说："我在兰州生活了一辈子，去世后也要留在这里。"2007年7月，黎秀芳去世。在整理她的遗物时，在场的人都流下了感动的泪水：她的抽屉里，没有贵重的物品，只有反复修改过的入党申请书、转正申请书以及战友张开秀的入党申请书修改稿，还有《革命战士最听党的话》和《我是一个兵》的歌单。

黎秀芳的侄女在吊唁时说，以前不理解姑姑的选择，而今感到作为一名中国人，只有热爱自己的祖国，才能感受到她的温暖。这就是黎秀芳，一个始终与信念同行的人。在信念的支撑下，她从未感到过孤独，而她的生命之火永远也不会熄灭。

第五章
胸怀大局，荣誉至上

荣誉高于一切

● 珍惜荣誉，坚守原则

德国哲学家包尔森说："我们不能想象没有强烈的对荣誉之爱，而伟大的事业可以实现。"

什么是荣誉？荣誉，就是光荣的名誉，是一定社会或组织对人们履行社会义务的德行和贡献所给予的肯定和褒奖，是贡献的象征和功绩的标志。

对一名优秀的军人来说，荣誉胜过一切，乃至生命。崇尚荣誉的本质，就是崇尚英雄、崇尚胜利。唯有血液中涌动着崇尚荣誉的情感和信念，才能为了使命忍受艰难，不畏牺牲；只有心中播入崇尚荣誉的种子，才能开出英勇的花朵。

重视荣誉，不是只有通过血洒疆场才能体现，生在和平年代，荣誉感依然可以以高贵的情怀和巨大的精神力量展现出来。当洪水肆虐时，军人挺身而出；地震来袭时，军人不畏艰险；冰雪成灾时，军人舍生忘死……种种举动，都证明了一点，他们怀揣着荣誉，与祖国和人民站在一起。

西点军校非常注重向学生灌输荣誉理念，它的荣誉守则也很简短直接："西点学生绝不说谎、欺骗和偷窃，也不容他人有如此的行为。"在学员入学之初，他们就会被清楚地告知：如果你违反荣誉守则，绝不宽容，重则退学。

有一位新学员，由于无法忍受单调艰苦的生活，跑去参加了一个宗教团体晚会，想到那里寻求一丝慰藉。当时，他不知道按照规章制度，他是可以参加这个聚会的，可他却在自己的缺席卡上填了"批准缺席"四个字。

当天晚上，他回到宿舍后，想起了自己的所作所为，怎么想都觉得是做错了事。于是，他就向学员荣誉代表坦白交代了。这时，他才知道，原来自己有权参加那个聚会，可一切都晚了。尽管他的行为没有违反校规，可荣誉委员认为，他有违反荣誉准则的动机，因而有过错。于是，第二天，这个学员被开除了。

看起来整件事情的处理太过无情苛刻，但实际上，在西点军校里，这样的事情很普遍，且更有甚者。还有一位学员，在回答一个突然提出的问题——"你擦过皮鞋了吗"时，说擦过了，事实上他并没有擦。当时因为心里很害怕，不敢立刻纠正，没想到事后被同学告发，遭到了退学的处理。

有人会说，这未免有点儿小题大做了吧？仔细想想，如果一个人不必面对自己的错误，不必为自己的错误负责，将来很有可能会故意地犯错、说错，那就是撒谎和欺骗。这样的人就不再是一个诚实可信的人，这样的组织也会丢掉它最为宝贵的东西——荣誉。

"细微之处见精神"，这句话是一条真理。对军人来说，任何有损荣誉的语言和行为都应当禁止，倘若他对自己的身份、工作有足够的荣誉感，他必定会极力维护自身和组织的形象。

从人民军队诞生时起，军人的荣誉就与国家命运紧紧联系在一起了。若没有党的指挥，没有追随党的信念，红军不可能在长征中创造出人类战争史上的奇迹。

列夫·托尔斯泰说过："人的精神力量比体力更富有生命力。"

荣誉的价值，不是金钱能够衡量的，也不是身份、地位换来的，它需要沿着道德的路线走，秉承实事求是的精神，放弃私心杂念和非分之想，摒弃极端的个人主义情绪，不受纷纷扰扰的功利思维诱惑，时刻把集体的荣誉看得高于一切，就像艾森豪威尔所言："如果人们只是追求高薪与地位，这是一件危险的事。它表示这个民族的荣誉感已经消失了，也就是说，这个民族以后会一直像奴隶一样生活。"

荣誉是一种精神信仰，是比财富、名利甚至生命更重要的东西。无论你现在身处什么样的岗位，从事什么样的工作，都要成为一个有荣誉感的人。珍惜肩头的那份荣誉，别因为它沉重就将其丢弃，要知道，荣誉是良心赐予我们的冠冕，更是区分平庸与伟大的标签。没有荣誉支撑的人生，就算拥有再多的名利财富，也无法给你真正的心灵归宿。

● 荣誉不容玷污

莎士比亚曾说："不管饕餮的时间怎样吞噬着一切，我们要在这一息尚存的时候，努力博取我们的声名，使时间的镰刀不能伤害我们；我们的生命可以终了，我们的名誉却要永垂万古。"

荣誉是一件宝贵的东西，但同样也是一件脆弱的东西。荣誉的建立和维护需要花费大量的精力，可要摧毁它，只要一丁点儿的瑕疵和痕迹就够了。多少英雄豪杰，都是因为一时的失足，酿成了千古遗恨，让苦心经营的名声和荣誉化为乌有。

法国著名陆军将领亨利·菲利普·贝当就是一个典型的例子。在"一战"时期，他担任法军的总司令，带领法国与德国对战，被法国人民视为英雄。可是，没有人会想到，这样一个拥有着殊荣的法国将军，居然会在"二战"期间卖国求荣。最终，他背负着一身的恶名，在监狱里度过余生，而曾经那些闪耀着光芒的荣誉，也成了对他最大的讽刺。

对军人而言，荣誉就是自己的最高人格，不容许玷污。荣誉是最公正也是最无情的，你用心去捍卫它，它就会一直为你停留；你若不珍惜，滥用它，它也会予以猛烈的还击。所以，波兰作家亨利克·显克微支说："即使我长两个脑袋，刽子手也要把这两个脑袋都砍掉，但是我的荣誉却只有一个，我绝不愿意玷污它。"

一个合格的军人，在生命和荣誉的抉择中，宁肯舍弃生命，也要保全荣誉。他们为荣誉而生，为荣誉而战，也愿为荣誉而死。

乔纳森·温赖特出生于军人世家，他从军校毕业后，就立下誓言，要为祖国的荣誉奉献自己最后的力量。他抱着随时为祖国和人民牺牲的决心，在战场上英勇抗敌，立下了不少战功。

温赖特经常对自己说："在荣誉面前，豁出去一条命算什么？"可他无论如何也没想到，命运对他没有那么仁慈，等待他的是比战场可怕百倍的俘虏营，而他要承受的折磨与屈辱，比死亡要煎熬百倍。在如此严峻残忍的考验下，温赖特没有辱没军人的荣誉，更没有让祖国和人民失望。

1940 年，温赖特担任菲律宾师的指挥官，协助麦克阿瑟保卫菲律宾。1941 年 12 月 7 日，日军突袭珍珠港，次日又向菲律宾发起袭击。美军防线接连被击退，马尼拉失陷。麦克阿瑟和温赖特退守到巴丹半岛，他们的物资补给和弹药都已严重匮乏。此时，麦克阿瑟接到命令，放弃远东战场，转赴墨尔本，统帅在澳大利亚的美国军队。麦克阿瑟将情况如实告诉温赖特，说他会尽快回到这里，要温赖特守住巴丹。温赖特承诺，只要自己活着，一定坚守巴丹。

日军得知麦克阿瑟离开后，加紧对巴丹的进攻，炸毁战地医院，还展开了白刃战。温赖特和他的部下金将军顽强地反击，但最终还是没能抵抗住日军的轰炸。金将军为了不让数万人的生命在两三天内全部化为乌有，向温赖特请示投降。

温赖特大喊着不许投降，可他也知道，在那种情况下，根本没有反击的可能了。几天后，为了保住全体官兵的性命，温赖特被迫选择投降。那一刻，他真想一死了之，以捍卫一名军人的荣誉。可他真若选择了死亡，就意味着逃避，意味着他是个懦夫。他必须活下去，哪怕是以战俘的身份，哪怕忍受再多的屈辱，也必须和自己的士兵在一起！

在温赖特的余生里，投降这件事就像一个阴影，始终笼罩着他，让他倍感屈辱。然而，人民却从来没有责备过他，并将其视为英雄。因为，他用比牺牲更勇敢的方式捍卫了自己的荣誉，捍卫了祖国和人民的荣誉。在沦为战俘的日子里，他从来没有向敌人低下过高贵的头颅，他是真正的巴丹英雄。

在荣誉面前，生命总显得那么卑微渺小，因为生命会消失，而荣誉却能够永垂不朽。虚荣的人只看重自己的名字，伟大的人却更看重自己的事业和国家。每个人都是从平凡中起步的，但若能摒弃肤浅的虚荣，把荣誉装进心里，就能把对荣誉的渴望化为生生不息的动力，成就精彩而有价值的人生，让自己从此不再平凡。

● 人物故事 | 张勇：不用记住我是谁，只要记得我来自中国

他一腔热血，愿维和平在异国；他两赴苏丹，此心安处即吾乡。他是世界公民，是播撒正义的使者；他是蓝盔勇士，是传递友谊的桥梁；他还有一个名字——"中国军人"。

·感动非洲的中国军人

远在万里的非洲苏丹，流传着这样一首诗歌："你以一种远见领导中国分队，为南部苏丹人民带来希望，为加扎勒河州带来和平与发展，我

们非常想念你，你在我们的记忆里长盛不衰，你撒播和平、发展、前进的种子遍地成长……"

看内容会发现，它歌颂的不是非洲，不是苏丹，而是一个中国人。

没错，这首诗词是联合国苏丹特派团"二战"首席长官弗莱德巴比先生创作的，他并不是一位专业诗人，只是被一位中国维和军人深深地打动了，才作了这一篇诗歌。在他眼里，这位中国军人就像是德国诗人荷尔德林那经典名句——"诗意地栖息在大地上"，以无畏的人生态度和超凡的人生境界，感动了非洲人民。

这位被歌颂的中国军人，名叫张勇。他是济南军区联勤某分部副部长，曾经两次率队参加联合国苏丹瓦乌任务区的维和行动，两次被授予联合国"和平荣誉勋章"和联合国苏丹特派团"特别贡献奖"，成为"感动非洲的十位中国人"中唯一的军人，是迄今为止曾战斗在维和基层工作一线，职务最高、维和次数最多、时间最长的中国维和指挥官。

·首次出征，凸显"中国速度"

2005年6月，张勇刚刚接任某分部副部长的职位不久，就接到了军区赴苏丹维和的命令。在济南军区的历史上，出国执行联合国维和任务还是第一次。作为维和指挥部主任兼运输大队队长，张勇深刻地感受到了自己肩上的责任。

经历了一年高强度封闭式的训练后，2006年5月26日，这支中国运输兵踏上了去苏丹的征程，中国的维和部队即将在那个时局动荡、战乱频繁的国度展示自己的风采。出征之前，张勇做了全面的准备工作，搜集了苏丹的各方面资料，力求有一个系统的了解。可是，真正到了苏丹之后，他才意识到，这里远比自己想象中要糟糕得多。

从机场到战区，不过10分钟的路程，张勇看到的却全是触目惊心的景象。战争，给这个国家带来了深重的灾难，这里太需要和平了。不过，瓦乌的现状只是一个开始，当他走进即将安身生活和展开工作的营区后，更是瞠目结舌。他和队员们要面对的，是一眼望不到边的灌木丛，那里野狗成群，蛇蝎出没。

当时，苏丹的雨季即将来临，而提前到达任务区的肯尼亚、印度等国家的维和部队已经把营区建造得初具规模了。营房建设是维和部队的主要任务，这直接关系到后续部队是否能够顺利展开工作，以及济南军区赴苏丹为期六年半的维和任务能否圆满完成。

张勇扔下背包，对队员们喊道："我们要在雨季来临之前把板房建起来。"说完，就拿起铁锹到工地上铲起土来，队员们被他的热情和斗志感染了，也纷纷拿起工具，顶着50度的高温，开始不分昼夜地连续作战。

那段日子真的是不堪回首，没有水，没有电，渴了就喝一点自带的矿泉水，饿了就吃罐头，困了就在简易房里眯一会儿。由于居住的环境恶劣，加之营地蚊虫肆虐和高强度的体力劳动，进驻任务区的第九天，张勇一连工作了近10个小时后，突然觉得挥着铁锹的胳膊很无力，险些栽倒在地上，他摸摸自己的额头，才发现自己发烧了。

当时疟疾患病率很高，张勇知道自己肯定是"中彩"了。看看周围的队员们，似乎没人注意到自己的反常，他悄悄地溜进帐篷，吃了几片药，又回到工地跟大家一起干活。挥不动铁锹，就四处看看，帮焊龙骨的战士递送焊条，帮钉板房的弟兄递个螺丝钉。实在撑不住了，刚找个地方落脚，天就要下雨，他连忙跑到简陋的升旗台上，把国旗收了抱回帐篷。

这时候，夕阳已经西下了，他也忙活了整整一天。

经过连续40天的日夜奋战，运输大队盖起了整齐、漂亮的板房，赢得了"中国速度"和"中国质量"的美誉。这40天的时间里，其他国家的维和部队都认识了张勇这位中国指挥官，并对他称赞有加。在济南军区慰问团前往任务区慰问时，战区首席长官巴比先生特意致信慰问团团长：

"能否让张指挥官延期回国？有他在，我们二战区的建设和发展会更顺利，更出色。"

中国维和部队刚进驻到任务区时，联合国驻苏丹特派团（联苏团）部队总司令里德尔中将问过张勇："多久能完成营建任务？"张勇当时的回答是："您下次再到中国分队，这里将有翻天覆地的变化。"果然，当里德尔中将再次来到这里时，被眼前一排排白蓝相间、功能齐全、漂亮美观的中国式板房震撼了。他说："中国维和部队进驻任务区的时候，全世界的人都在观望。而今，你们用事实证明了中国军队是一只不可战胜的队伍，你们表现出的优良素质和敬业精神值得所有出兵国部队学习。"

是的，走出了国门，代表的就不仅仅是自己，也不仅仅是所在部队，而是代表了中国和中国军人。张勇和他的队员们都深知自己肩负着使命和荣誉，在世界各国的部队面前，绝不能输掉祖国的荣誉。

·二次出征，彰显"英雄本色"

2007 年，军区接到组建第三批赴苏丹维和部队的命令，此时的张勇刚刚从苏丹归来不久。组织在选派带队干部时，考虑到张勇政治觉悟高，带兵有魄力，且是第一批赴苏丹维和的军人，在这方面有一定的经验，于是准备让他再次带队担任维和部队的政委。

军人的天职，就是服从命令。张勇没有任何的犹豫和推脱，2007 年9 月18 日，他和队员们降落在苏丹中部的欧拜伊德。作为维和部队的政委，张勇的心情很沉重，要担负起这个新的角色，面对新的任务形势，绝非一件简单的事。

张勇带领着队员勘察道路，在 50 摄氏度的高温下，身着十余斤的防弹衣和钢盔，一日颠簸数百公里，研究分析道路的特点，留取各地数据，依据途中的安全形势，不断制定防卫措施和预案，在类似的地形中组织多次演习训练。

经过了严密的准备后，中国运输部队的车辆开始穿梭在苏丹的雨林中，多次通过敏感区和哨卡，多次平安度过醒目的雷区，多次把物资安全送至目的地，多次把中国军人的风采和胆识留给了苏丹人民。

有一次，部队接到了赴阿维尔运送一批大件装箱物资的长途运输任务。当时，苏丹已经提前进入了雨季，道路很不好走，中间还有一段3公里左右的单行沼泽地。若再有一场大雨降临，车辆很有可能会被困在半路上。

经过认真的准备和计算，张勇做了一个大胆的决定：车队当天往返。这是一个艰巨的任务，车队经过6个小时的艰难行驶，终于抵达了阿维尔，官兵们顾不上休息就开始卸载。170个木箱，每个都有300多公斤重，要从1.5米高的车厢内徒手卸下，没有任何的机械辅助。张勇带领着队员用木棒向下滑，肩扛手抬，很多队员的胳膊和手都磨破了皮，可大家没有一句怨言。

卸载完毕后，已经是14时。经验告诉张勇，大雨通常在15时以后到来，所以他命令队员即刻返程，穿过危险路段后再吃午饭。15时10分，车队顺利通过沼泽地，而5分钟之后，瓢泼大雨来临。19时，车队安全返回，中国维和部队再一次以高质量、高速度创造了奇迹！

在赴苏丹维和期间，张勇带领官兵们创造了一个又一个传奇：在任务区部署时间最长、分散布置时间最长、应对任务区周边突发事件最多的部队，同时，也是受到联合国表彰人数最多的、执行长途运输任务最多、在物资匮乏情况下完成最高难度医疗抢救的部队。

·使命在身，义无反顾

两次赴苏丹维和，张勇共有513天在任务区，多次带队执行运输任务，先后12次面临冲突和骚乱的严峻考验。在这样的形势面前，他表现出了一位优秀军人的风采。

2008年4月17日，生病的张勇正在输液，突然得到报告，距离营区

3 公里外的瓦乌集贸市场发生枪战，中国维和部队有 7 台车辆被挡住了去路。张勇迅速拔下针头，一边向战区司令部汇报，一边召集应急分队出发。通信员抱着他的防弹衣，还没跑出房门，就看到张勇的指挥车疾驰而去。

面对冲突双方持枪对峙的士兵，张勇临危不惧，一边指挥分队应急掩护，一边指着臂章上的标志喊 "China，China!"，想办法协调车辆绕行，两个小时后，车队安全地返回了营区。

在他第二次决定赴苏丹维和时，有人问他："那个地方条件艰苦，处处危险，为什么还要去？"他回答说："使命在肩，我无所畏惧，义无反顾。"是的，作为一名肩负重任的维和指挥官，张勇有他的担当和选择。

2008 年 3 月，部队接到当地政府求助，协助阿维尔运送人口普查资料，为将来的大选做准备。几天前，阿维尔刚发生了一场武装冲突，那个特殊时期，驻阿维尔所有的联合国人员在背包上坐了一夜，只等一声令下就撤离。很多人都建议张勇，不要接这个棘手的任务，实在太危险，可他却坚持要带队去，说既然是为和平而来，就要为和平而为！

当张勇带着车队行至距离营地 50 公里处的一个路口时，突然遇到了手持武器和棍棒的当地民众。他们上来就开始砸车的挡风玻璃，情绪非常激动。苏丹当地人说的是阿拉伯语，官兵们听不懂，也不知道发生了什么。危急关头，张勇镇定地指挥官兵:保护好物资，不要和民众发生冲突，不要离开战位！

张勇经过一个多小时的艰难沟通，和当地政府、联苏团密切配合，总算化险为夷了。除了个别车辆受损外，所送资料安然无恙，人员也无一受伤。当地政府官员接到资料后，紧握着张勇的手，激动地说："你们是真正的和平使者。"

· 国家和军队的形象高于一切

苏丹维和任务区，聚集了 59 个国家的军人和工作人员，就像是一个缩小的国际舞台。在这里，如何妥善地处理关系，树立中国军人的形象，对张勇和其他队员来说，都是一种考验。

有一次，肯尼亚维和部队请求中国运输队提供吊车支援。此时，刚巧联苏团部队总司令视察中国维和部队，按照要求所有人和装备都必须在位。值班人员请示张勇后，他回复说，等视察完毕后立刻派车，并且真的这样做了。可是第二天，联苏团内部网站上，却出现了影射和攻击中国维和部队"不作为"的文章。

张勇立刻意识到，这是别有用心的人在诋毁中国和中国军队的声誉，决不能小觑。他立刻约见了战区行政长官哈什正面交涉，义正词严地要求"迅速澄清事实，始作俑者亲自道歉，消除负面影响"。不仅如此，他还要求翻译立刻在联合国网站发布文章，揭露事实真相，批判这种颠倒是非的行为。

看到张勇的态度如此坚决，哈什亲自登门解释，对方也在网站上公开声明并致歉。此后，维和任务区再也没有出现类似的事情。张勇在执行任务期间，总是跟队员反复强调一句话："军人，永远视国家和军队的形象高于生命！"一直以来，他都是按照这个准则要求自己。

驻地妇女玛萨卡的丈夫和父亲，相继在战乱中去世，她和60岁的母亲带着4个未成年的孩子过着艰难的日子。2006年第一次维和期间，张勇就经常给这家人送去食物和生活用品，为他们查体治病。第二次再赴苏丹时，依然给这家人诸多照顾。2008年5月，当他得知玛萨卡的孩子到了上学的年龄却交不起学费时，张勇代表部队给他们送了400美元的助学金。

玛萨卡的母亲抹着眼泪，不止一次地询问张勇的名字，可他却说："你们不用记住我一个人的名字，只要记得我来自中国，是中国维和军人就行了。"

对张勇和他的队员们来说，走出国门去执行维和任务，个人的名字早已不重要，所有的官兵都只剩下一个共同的名字，那就是"中国军人"。"我"所做的一切，都代表着祖国和军队，"我"所有的荣誉，都是祖国和军队的荣誉。恰恰是这份荣誉感，让他们觉知到了神圣的使命，并为之赴汤蹈火，生生不息地奉献。

时刻准备着

● 严格的自律精神

提到"三大纪律、八项注意"，多数人都不觉陌生，这是统一全军纪律，加强部队思想和作风建设的准则。不过，纪律是上级制定的，真正落实到执行的层面上，靠的还是个人的自律精神。

所谓自律，就是自我约束。一个有战斗力的军队，一个优秀出色的军人，就算没有纪律规定，领导不在身边，该怎么做还是会怎么做，无须谁的提醒和监督，因为责任在心中。

澳门回归后，中国人民解放军驻澳门部队在珠海建立了一个基地物资采购供应站。解放军进澳门执行保障任务，官兵的一言一行全都在澳门民众的视线中。每次出车的头一天晚上，带车干部和驾驶员都要做细致的准备工作，如熨烫衣服、擦皮鞋等；每次外出，都必须在军容镜前照一照，保证良好的形象。为了让车辆内部保持整洁，他们特意在驾驶室里放置"文明袋"，专门用来收集官兵在保障途中的生活垃圾。

如果官兵们没有这种自律意识，他们大可不必熨烫衣服、擦鞋，毕竟上级不在身边，可他们之中无一人这样做。因为，对军人来说，自律精神早已渗入骨子里，融进血液里，成为他们的一种习惯。

有一次，在通关时，工作人员用惊异的眼神注视着一个摆在驾驶室里的旧水壶。其中一位工作人员好奇地问："部队允许你们在执行任务中喝酒吗？"带车干部打开水壶，说："这是白开水。"海关人员表示不解："你们驻澳部队的生活待遇挺好的，不至于连饮料、矿泉水都喝不上吧？"带车干部说："艰苦朴素，勤俭节约，难道不好吗？"在场的工作人员不再说话，都露出了钦佩和赞赏的目光。

当一个人把某种纪律或是规定内化为自己的思想时，他就具备了严格的自律精神。从红军时代开始，我们的解放军部队就一直沿袭着自律的品格。毛泽东曾经这样评价红军："这个军队之所以有力量，是因为所有加入这个军队的人，都具有自觉的纪律。他们不是为着少数人或狭隘集团的私利，而是为着广大人民群众的利益而结合、而战斗的。战士是懂得革命道理的人，只要把道理讲清楚，他们就会自觉遵守纪律。"

在新兵入伍的第一天，军官们就会告诉战士们："命令就是命令，作为战士，你必须服从、执行。"在红军刚开始长征时，大多数人都不知道自己究竟在做什么，甚至连一些高层指挥员也没有明确的目标，他们只知道根据地不保了，敌人就要包围上来了。他们没有目标，没有计划，但也没有一句怨言，只知道：服从是天职，不能自觉地服从命令，就不配做一名红军战士。

富兰克林说过："我们判断一个人，更多的是根据他的品格而不是根据他的知识；更多的是根据他的心地而不是根据他的智力；更多的是根据他的自制力、耐心和纪律性，而不是根据他的天才。"

人世间，最顽强的"敌人"是自己；最难战胜的也是自己。自律对于一个人来说就好像是一辆汽车的制动系统。如果一辆汽车只有发动机而没有方向盘和刹车的调节，汽车就会失去控制，不能避开路上的各种障碍，就有撞车的危险。一个想要有所成就的人，如果缺乏自律能力，就等于失去了方向盘和刹车，必然会"越轨"或"出格"，甚至"撞车""翻车"。

军人自律的精神来自于使命感和荣誉感，当他为自己所做的事业感到骄傲，为自己是军队中的一员感到自豪时，他就会自觉地去做自己认为应该做的事情。这种约束没有外力的作用，完全发自内心，而这种自律也直接决定着个人的行为与成就。

要成为一个出色的人，我们都应当学会自律，学会自我监督，当工作进展顺利的时候，不要忘记努力学习；当工作进展不如预期时，更要加倍学习。让自己永远跟得上时代变化的脚步，不至于被时代远远抛弃在后。记住，在瞬息万变的现代社会里，唯有具备自律能力的人，才能始终稳稳站在优秀者的行列当中。

● 强化危机意识

"生于忧患，死于安乐"，这一道理从古至今永远不会过时。

为什么要具备危机意识呢？理由很简单，一个人战战兢兢、如履薄冰的时候，往往能够走得很安稳，可当他松懈了紧张的情绪，踏在平坦的大道上，反而会不时地失足。个中缘由，就是缺乏了警惕意识。

战争的年代远去了，但作为军人来说，任何环境下都不能有丝毫懈怠，必须有高度的戒备心态。在训练的时候，每个人都把自己视为最强大的战士来进行磨砺，而那些看似残酷的特殊训练，也是为了在紧张氛围中锤炼战士随时保持战斗的作风。

随时准备出击，这是军人的天职和义务。在这一点上，作为世界上较早创建和使用特种部队的国家，英国将随时出击的特种精神发挥到了极致，最经典的代表就是 1982 年爆发的英阿马岛战争中英国特种部队的出色表现。

当时，为了维护马尔维纳斯群岛的主权，英国宣布立刻与阿根廷解除一切外交活动，并迅速成立战时内阁。马岛战争爆发后，陆军的特别空勤团和海军陆战队的特别舟艇团，立刻进入了战备状态。特种队员的敏锐性，让他们最早地感应到了战争一触即发的形势。经过 3 天的准备后，由 80 名队员组成的第 22 特空团 D 连已经在德尔温少校的带领下提前到达阿森松岛，特空团指挥官罗斯则带领大部队随着航母跟进。

陆军的特别空勤团是英国最精锐的特种作战部队，规模虽不大，但受过高强度训练，通常一组四五个人，渗透到敌人防线后方，攻打敌军最薄弱的环节。特别舟艇团是英国最精锐的特种中队，队员是精英中的精英，主要从水上和空中潜入敌方防线，完成侦查、破袭和夺占战略要地等任务。

1982 年 4 月 25 日，已经在天寒地冻的南岛潜伏了 33 天的特别舟艇团，引导着特别空勤团在南岛海岸机降。严酷的环境和运输工具的匮乏，导致特别空勤团只能投入很少的队员进行侦查工作，他们排成攻击队列在岛上摸索前行，对水中可疑的金属物体发射了一枚"米兰"式反坦克导弹。

两声巨大的爆炸声在水下响起，岛上的阿根廷军队着实被吓了一跳。一直以来，他们以为自己身处战争的有利地位，没有对战争做进一步详细的准备，也没有预料到英军这么快就主动来袭。英国特种部队的有备而来，让阿根廷军队乱了阵脚，摸不清他们的底细，几乎没有做任何的抵抗就举起了白旗。

南岛的顺利得手，让英军备受鼓舞。接着，特别空勤团和特别舟艇团又采取了一系列有准备的行动。他们对马岛周围的环境进行了仔细的勘察，为英军总攻做准备。为了报复阿根廷军击沉"谢菲尔德"号驱逐舰，5月6日，英国特种部队又展开了新的行动：先由特别空勤团的6名成员搭乘潜艇，在途中换成特别舟艇团的潜艇，精湛的海上驾驭技能，让他们顺利潜入阿根廷本土的空军基地。阿根廷军在该基地中唯一能够携带"飞鱼"空舰导弹的攻击机仅有14架，其中8架都被英特种部队一举炸毁，损失惨重。

任何一场战役的胜利都不是偶然的，一定是经过精心筹划和准备的。英国特种部队和阿根廷军在马岛战役中的较量，足以说明"危机意识"和"有备无患"的重要性。要在平日的工作中养成居安思危的心态，不是一日之功，而要在多个细微之处努力。

首先，要克服麻痹大意的思想，不要视纪律和规章制度于不顾，有令必行、有禁必止，这是最起码的执行原则；其次，责任落实到位，杜绝玩忽职守。只有不找任何借口，对内兢兢业业、对外高度警觉，才是真正的居安思危；再次，从大局出发，考虑周到，涉及工作的各个方面都要权衡思量，不可草率行事。

总之，记住一句话：真正的和平不是信手拈来的，一定是用枕戈待旦换取的。

● 人物故事 | 何祥美：只有居安思危的理由，没有安享太平的借口

武装越野，身高不足1.7米的他，负重25公斤的装备持续跑完27公里；渡海登陆，他赤臂游泳1万米，10公里武装泅渡只用了2个半小时；悬崖攀登，40米高的陡峭崖壁，他手脚并用第一个登上了顶峰；空中攻

击，他驾驶新型装备长时间超低空飞行执行任务……他，就是中国的"三栖尖兵"、2010年度感动中国十大人物、第三届全国道德模范，何祥美。

·从农村青年到"三栖兵王"

何祥美出生在江西赣州一个四面环山的村子，1999年应召入伍。只有初中文化的他，对这个机会倍感珍惜，因为终于可以走出大山，看看外面的世界了。

初入军旅的他，被分配到了条件艰苦、训练十分严格的部队。和许多新兵一样，他也苦闷过、动摇过；但又像许多老兵一样，在组织和战友们的教育、帮助下，懂得了当兵的意义，从苦闷到振奋，从动摇到坚定。

当兵的第六年，南京军区抽调了一批训练尖子，组成狙击手集训班，何祥美就是其中的一员。集训一开始，教官就将营院里的400米跑道改造成了意志训练场。何祥美和战友们每天都生活在刺耳的枪声和硝烟弥漫的环境里，要反复地练习蚂蚁坑、扛圆木、上懒人梯、闯火线、匍匐前进……半天的训练下来，大家累得连吃饭的力气都没有了，可是要成为狙击手中的王者，就必须忍受这种炼狱般的生活。

为了持枪更稳，何祥美把圆石子、弹壳放在枪管上，2个小时不能掉，掉一次多练10分钟。2个小时下来，他的身体已经僵硬到几乎无法动弹的地步。为了提高识别目标的能力，他每天盯着手表的秒针训练，做到5分钟不眨眼，迎风迎光迎沙不流泪。

在10个多月的魔鬼训练中，何祥美始终把自己当成对手，在一招一式中积淀，在孤独寂寞中锤炼，他一步步地朝着优秀狙击手的目标靠近，练就了"枪王"的真功夫。在此期间，他还先后在各种"战场"上摔打历练，跳伞、机降、潜水、动力三角翼、枪械等训练全都反复练习过。

第一次跳伞时，他就遇到了险情，从千米高空跳下时，主伞竟无法打开。尽管情况危急，可他非常冷静，成功地把两根压住伞衣的伞绳张开；

动力三角翼集训时，他花费大量时间琢磨英文说明书，成为第一个单飞的学员；敢于挑战极限的他，在经过简单的训练后，就能够潜水至12米以下。

为了锻炼自己的体能，何祥美坚持每天早起1小时，穿着沙背心跑步，早上5公里，下午10公里，现在的他就算负重20公斤，依然可以箭步如飞。射击的精准度对环境特别敏感，风、雨、光和气温、气压、距离等稍有变化，便要对瞄准点进行"修风"，他把数千个参数写在小卡片上，一有空就掏出来背，如今能准确判定风向、风速，目测距离和高低角，误差接近于零。

在部队历练的这些年，何祥美早已不再是当初走出大山时的模样了，他已经具备了"三栖"作战能力，成为一名全能的优秀战士了。

·我是一个兵，只为履行使命而奉献

2001年，何祥美在部队的两年服役期已满，去留成了他必做的抉择。父亲希望他退伍，家里需要青壮年分担劳务，身体不好的母亲也需要他的照顾；自己开公司做老板的姐夫，也打电话给何祥美，让他回去跟自己一起兴业致富。

何祥美爱自己的家，也爱父母，更知道离开部队可以过安逸舒服的生活。可是，身着军装的他心里更清楚，军队是为了保卫国家而存在的，没有军人的奉献，就没有国家的安宁。他说："没有国，哪有家？身为一名战士，就要为履行使命而奉献。"

就这样，何祥美决定留在部队，转改士官。

一晃3年的时间过去了。2004年12月，何祥美再次面对去留的问题。此时的他，已经是部队里有名的尖兵了，具备"三栖"作战能力，有自己的绝杀技能，赢得了不少单位和企业老板的青睐。有的甚至开出了月薪8000元、一套3室2厅住房的优厚待遇聘用他，还有的希望用年薪20万雇他做保镖。

艰苦的军旅生涯，舒适安逸的日子，多数人在面临这样的选择时，都

会感到纠结。可对于何祥美来说，他对何去何从并未有太多的思考，自己的一身技能都是在部队训练出来的，人生最精彩的舞台就是军营，自然要选择留在部队。

2007年，那时的何祥美，已经在部队待了8年。那一年11月的某天，国家某部门的一位领导在厦门参加会议后，特地跑到部队观看何祥美的狙击表演。看完何祥美的精彩射击后，他对陪同的部队领导说："能不能让这个'枪王'退伍后，到我们单位工作。"部队领导告知："能到你们部门上班固然好，但我们部队也需要这样的人才，这得征求他本人的意见才行。"何祥美知道后，毫不犹豫地谢绝了。

老兵退伍前夕，不少大城市的公安机关都派人或来函，说只要何祥美脱掉军装，就特招为特警并转成公务员。亲友们得知后，都劝他别再错失良机，可何祥美还是认为，自己的本领是战场对敌的"撒手锏"，而不是个人命运的"敲门砖"。第二天，他就向连队递交了转改三级士官的申请书。

·军人的荣誉，从来都属于集体

何祥美多次代表部队参加重大演出和汇报演出活动，每次都出色地完成任务，并有了"枪王"、"三栖精兵"的美誉。在面对鲜花掌声、名利荣誉的时候，何祥美没有陶醉，也没有松懈，而是更加刻苦地训练，自觉地付出，积极地回报组织给予的关心和照顾。

在他心里，军人的荣誉从来都是属于集体的，属于组织中的每一个人。2004年5月，连队跳伞训练结束后，组织评功评奖，战友们纷纷推荐他荣立三等功，全连一共53人，他得到了52票。没想到，何祥美当即起立说："指导员，这功我不能要，功劳属于大家。"最后，在他的强烈坚持下，连队重新研究，给另一位班长记了功。

2008年，何祥美先后两次到北京参加重要的颁奖活动。期间，他和杨利伟、李中华等英雄模范学习交流，主动寻找自己的差距、思想上的不足，积极地学习，强化自己的责任感。回到连队后，他给自己制定了更高的目标，更严格的训练标准，力争一流。

在军事训练中，遇到脏活累活，何祥美总是跑在前面，尽管他已经是军队内外享誉盛名的战士，可他依然跟从前一样，没有丝毫的傲慢和懈怠。战友们都说，何祥美还是原来的样子，一点儿都没有变。

· 当个好兵，最舒服的日子永远是昨天

入伍十余年，何祥美的心里始终锁定着同一个目标——"当兵就当能打仗的兵"。入伍第一年的跳伞训练，他是新兵中的"第一跳"；海底潜水考核，他是同批学员中潜得最深的；轻武器射击，200米目标他指哪打哪，成为上海合作组织峰会安保任务中的"1号狙击手"。

看到这样的成就，有些人会觉得，何祥美天生就是当兵的料，是可塑之才。其实，没有任何一种成就是从天而降的，所有的傲人业绩都隐藏着不为人知的艰辛和努力。很少有人知道，潜水最深的何祥美，原本是一个"旱鸭子"。在新兵连时，他参加全连3000米的游泳比赛，是倒数第一名。可他不服输，不断地挑战自己，超越自己，最后成了"浪里白条"。

选择了做军人，就注定选择了与风险艰苦相伴。何祥美一直说："要当个好兵，最舒服的日子永远是昨天。"他把练就打赢本领当成自己的终极目标，把对党的忠诚、对祖国的热爱，化作一次次对极限的挑战。有一次，在无名小岛进行潜伏训练，何祥美面对300名教官的"拉网搜捕"，连续潜伏三个昼夜生生没有挪窝，创造了部队狙击手潜伏时间最长的纪录。

何祥美如今具备了30多项作战技能，真的是打仗需要什么，他就练什么、钻什么、精什么。真正优秀的战士，永远都是平日里多流汗、多付出，未雨绸缪，才能在关键时刻拿出精湛的技术，用于实战。为了捍卫军人的荣誉，为了将来能扛枪上阵，他时刻准备着，只要祖国召唤，他就会随时出发！

·战士就是一颗上了膛的子弹

何祥美是一位普通的战士，可他彰显出的军人风采，却闪烁着不凡的光芒。他用自己的事迹，向所有人展示了中国士兵的时代形象，几乎所有看过他表演的人，都会禁不住竖起拇指，说一声"了不起"。

"了不起"，只有区区三个字，背后却是何祥美搏击人生的追求和洒在训练场上的无数血汗。他在精武的路上不断地挑战自我，挑战极限，追求卓越。这些年里，他先后20多次受伤，2次骨裂，全身留下10多处疤痕，多次与死神交锋。在他身上，我们看到的是敬业的力量，是勇敢的品行，是居安思危的觉悟，它们驱动着何祥美去走别人没有走过的路，心无旁骛地攀登着一个又一个高峰。

身为战士，何祥美就像是一颗上了膛的子弹，随时准备射向敌人。只有把打赢的本领练得过硬，才能在关键时刻爆发出力量。他自觉践行当代革命军人的核心价值观，不畏辛苦，不怕牺牲，刻苦钻研军事技术，把理想与信念化为平日里的行动和训练。

平凡不平庸，精通不普通。与何祥美一样，我们也是不同领域中的平凡人，但若我们有了崇高的理想，责任的使命，具备了踏实苦干的精神，一样可以书写"了不起"的人生。

随时随地，坚守道德信念

● 高贵的品格胜于能力

在物欲横流的时代，很多人都失去了精神信仰，单纯从自身的利益出发，忘了坚守原则，也丢失了内在的一些高贵品格。

为什么要谈品格呢？对于民族的生存和国家的安全来说，军人的个人品格至关重要。有高贵的品格，才能够不畏强势、敢作敢为，无论遇到什么样的艰难险阻，都坚持正道，勇于承认和担当自己所犯的错误。有高贵的品格，才会有自己的信念。不因外界的压力而改变自己的初衷，不屈服于邪恶的力量，恪守信念，义无反顾。

一个品格低下的军人，是不能被委以重任的，甚至是不合格的。把任务交给这样的人，很可能会把自己乃至集体拖入危险的境地中。从广泛的意义上来说，品格就是力量，就是影响力。

五星上将麦克阿瑟一直备受争议，可对于他的个人品格，却从未有人质疑。他在政治方面不太得意，可这并不妨碍他对国家的忠诚。曾有人说："麦克阿瑟是最有才能的军事家，但又是最糟糕的政治家。他忠诚于他的国家，却对抗这个国家的总统。"据说，美军驻菲律宾军事基地，每次部队点名时，都要点到麦克阿瑟，而后由一名中士回答："精神犹在！"

人们都欣赏和敬畏有着高贵品格的人，排斥品行恶劣的人。高贵的品行可以焕发出温暖的力量，消除隔阂与偏见。

法国大革命时期，愤怒的人们冲入巴黎的监狱，这股汹涌的人流，足以将那些贵族、神甫们挤死，他们成了人们狂热情绪的牺牲品。在这片血雨腥风中，有一个名叫毛诺的人发现了西卡尔神甫。毛诺知道他是一个品格高尚的人，把全部的心血都奉献给了残疾人的教育事业，就拦住众人解释说："这是西卡尔神甫，一个正直的公民。你们不知道他，但我知道。他是我们这里最仁慈、最有贡献的一个人，他把自己的爱都献给了那些残疾人。"大家听了毛诺的话，情绪逐渐平静下来，停止了攻击，而且一拥而上，争着要与他拥抱，要抬起来把他送回家。

可见，就算是在满怀仇恨的人心中，高贵的品格依然可以凸显出至高无上的力量。从某种程度上来说，品行胜于能力。品行高贵的人，行为永远是光明磊落的，敢同任何邪恶的力量做斗争。

美国内战期间，有一个叫丽达的 17 岁女孩，感动了很多人。

一天，丽达为了接回受伤的弟弟，她踏上了开往丹尼尔森城堡的"莫尼斯"号轮船。在轮船驶出的前 5 分钟，有人宣布"莫尼斯"号轮船将和其他几艘轮船一起沿着密西西比河而上，带着一个兵团去增援密苏里州格拉斯哥穆里干上尉。对于丽达来说，这无疑是一个糟糕的消息，因为她无法接回自己的弟弟了。可又能怎么办呢？丽达只能去往格拉斯哥，此外没有别的选择，这就是战争带来的无奈。

夜里 10 点半，轮船到了格拉斯哥。战士们登陆后，留下了一个连在船上守卫。在登陆的过程中，部队遭到了南方联盟军的攻击，很多人在敌军的攻击中牺牲了，也有不少士兵受了重伤。船上的人们目睹了战争的情景，内心充满了恐惧，有些人甚至当场昏厥。

丽达的年纪不大，可在这样的时刻，她却选择了挺身而出。她知道，这是一场正义与邪恶的较量，是一场进步与落后的斗争，所有抗击敌军的人都是正义的，她也决心贡献出自己的一份力量。她觉得，此时此刻但凡心中有正义感的人，都该勇敢站出来，与邪恶做斗争。

丽达用手臂挽住伤员，将其送上担架，然后护送进船舱。子弹密集地扫射着，丽达却已经无所畏惧。同船的人担心丽达的安全，让她不要那样做，可丽达依然坚持着，不肯退缩。她先后 22 次冲上岸，每次都背回一名伤员。当船离开停泊的地方以后，丽达就主动给外科医生做助手，还叫上身边的一些妇女撕扯一切可以给伤员做绷带的东西。

丽达辛苦了一整夜，没有睡觉，她已经顾不上这些了，满心想的都是伤员。这个正义感十足、有着高尚品格的女孩，把最后的一块饼分给了别人。如果在平时，这没什么特别的，可当时丽达只有这一块饼了，配送物资的线路被切断，供应短缺，她连最基本的生存都得不到满足了。

战斗结束后，原来撤退、躲避到三千米外的轮船准备返回去，搜索幸存的人员。在那里，人们看到了这样的情景：26 个印第安军团的战士整齐列队站在岸边，军官们迎候在船头，穆里干上尉把丽达扶上了一匹白马，战士们热烈地欢呼着。所有人都被丽达感动了，感动于她的正义，感动于她的无畏。

如果说，这个世界上有一种力量可以让我们感受到它的存在，那么这种力量就是品格。一个人可以没有文化，没有能力，没有财富和地位，但只要具备了崇高的品格，一样可以赢得他人的尊重。很多人义无反顾地去做一件奉献一切的事，就是因为有一种责任，而这种责任就来源于品格。品格所产生的力量无与伦比，即使是在冰雪之地也可使人热血澎湃。

● 诚信的价值与意义

一位教育家说过："在我看来，好学生无非需要两种能力，一是'聪明'，即在智商与情商方面都比较高；二是'努力'，愿意竭尽所能成为顶尖的人才。然而，如果没有'诚信'作为这两项能力的基础，所谓人才也就不再是一位人才，甚至有可能走上不归路。"

这说明什么呢？一个优秀的人，他必然是有诚信的人，因为诚信是成为优秀者的前提条件。稍加留意就会发现，现实中那些受欢迎、被尊重和信任的人，一定是值得信任的。他们实事求是，遵守诺言，不矫揉造作，不弄虚作假，即使赴汤蹈火也要兑现承诺。

作为军人，这种素养更是必不可少。在第一次世界大战期间，时任陆军部长的牛顿·迪尔·贝克将军说过这样一番话："在处理日常事务时，有些人或许会因为工作的不精确、不真实，得不到同事的敬重，甚至招来法律起诉的烦恼。但是，作为一名军官，如果他的工作不精确、不真实，就是在玩弄伙伴的性命，损害政府的荣誉。"

对军人而言，诚信不是什么自尊自豪的问题，而是一种绝对的需要，他必须具备"毫不含糊、不打折扣、绝对可靠"的性格。没有一诺千金，就没有正直忠诚；没有正直忠诚，就无法履行使命。

某知名网站公布的《2011 年中国人信用大调查》中，军人诚信指数名列榜首。这足以说明在人们心目中，对军人诚实守信的认可度很高。军人代表着人民子弟兵的整体形象，他们深知，自己一旦做出什么有悖诚信的事情，损害的是整个部队的声誉，受到的也必将是更加严厉的社会批评和道德谴责。所以，无论身处什么岗位，他们都力求站好每一班岗，执好每一次勤，兑现自己入伍之初对党、对人民许下的诺言。

其实，何止是军人，社会中的任何一员，都应该在生活和工作中默默践行诚实守信的原则，当你选择真诚地对待别人，你自然也会得到相应的回报。

● 人物故事 | 杨业功：未曾请缨提旅，已是鞠躬尽瘁

"铸就长缨锐旅，锻造导弹雄师。他用尺子丈量自己的工作，用读秒计算自己的生命。未曾请缨提旅，已是鞠躬尽瘁。天下虽安，忘战必危，他是中国军人一面不倒的旗帜！"

41 年的军旅生涯，从东南到西北，他把心血洒在祖国的山山水水；从士兵到将军，从一名农家子弟到党的高级干部，他把生命和忠诚献给了党和人民。他，就是为我军现代化事业建立突出功绩的高级军事指挥员、

第二炮兵某基地原司令员，杨业功。

·军中"焦裕禄"：一位勤俭的人民公仆

1963年8月，杨业功从湖北省应征入伍，1966年2月加入中国共产党，历任战士、班长、排长、参谋、作训处长、旅长、基地副参谋长、副司令员、司令员等职。入伍40多年，他时刻不忘军人的神圣使命，创先争优，尤其是在走上基地领导的工作岗位后，更是殚精竭虑、忘我工作，为部队现代化建设和军事斗争准备倾尽心血，做出了突出的业绩，先后荣立二等功一次、三等功两次。

杨业功是从湖北农村走出来的，小时候家里条件很苦，这段难忘的经历，让他在后来的人生中一直保持着农民后代的勤俭本色。他平时不抽烟、不喝酒，生活的标准很低，唯独对工作的要求很高。他家里的住房十几年从未装修过，用的全是一些老旧的家具，睡的床是用四个大箱子拼成的，那是30年前他担任某团副参谋长的时候自己设计的；当旅长时买的沙发，他一直用了十几年；那一张小方桌的油漆已经脱落，家里来的人一多，还要到外面去找凳子。

他曾经对自己的儿子杨波涛说："当了将军，我还是农民的儿子；权力是人民赋予我的，我没有任何特权。"在儿子入伍时，他反复叮嘱："要到最艰苦的基层去，不要因为有我而谋求任何特殊关照。"不仅如此，他还与家人和身边的工作人员"约法三章"："不许干预我的工作，不许享受特权，不许收受任何钱物好处。"

杨业功当司令员的几年里，多半时间都是在勘察阵地、执行任务、参加会议，经常跟他一起出行的人，都能讲出几件杨司令员换房间的事。

2000年，他参加一个战备工作会议，主办单位考虑到他级别较高，就安排了一个条件比较好的套房，可他到达之后，立刻就找到工作人员要求把套房换成单间。在一阵推让后，随行的一位旅长见对方盛情难却，就悄悄地对他说："司令员，你就住下吧，反正是他们花钱接待。"

听到这话，杨业功就有些不高兴了，他严肃地说："他们出钱和我们出钱有什么区别？花谁的钱还不是花人民的钱？就是睡睡觉，我有一个单间足矣。"最后，大家只好把杨司令员的行李搬到了一个普通的单间。

杨业功一生非常简朴，在他的衣柜里，找不到什么高级的衣服，很多内衣还打着补丁。有一件秋衣穿了18年都舍不得扔。在一次采访中，二炮培训中心的一位理疗师讲述了一段杨业功的往事。

那是一个秋天，杨业功到北京参加一个读书班学习，由于颈椎不好，就请这位理疗师为自己做推拿。在做推拿时，理疗师发现司令员竟然还穿着一条洗得褪了色的旧衬裤，更让他难以置信的是，衬裤上已经有好几个补丁，连松紧带都断了。

理疗师对杨司令员说："首长，你咋把衣服穿成这样了还不扔呢？像你这样的内衣，我们小战士都不穿了，你还是换条新的算了。"杨司令员一笑，说道："旧衣服，穿惯了，很贴身，也有感情。"后来，理疗师到外面给杨业功换了一条新的松紧带，而杨司令员非要把3块钱塞给对方。

杨司令员下基层，从来都不喜欢前呼后拥地陪同，更不喜欢铺张浪费。他对基层的要求就是"禁酒减菜少陪同"。此外，他还倡导在基地开展治理，下发文件规范基层接待机关工作组的具体事项。

有一次，他到某旅检查工作，反复叮嘱招待所准备午餐的同志：四菜一汤即可。可负责的后勤助理出于热情，还是准备了丰盛的饭菜。吃饭的时候，杨司令员很不高兴。开饭一会儿后，招待员端着第七道菜进了屋，杨业功把筷子放下，说："你们以为我是在讲客套吗？定了标准就一定要执行，你们怎么可以坏了规矩？"最后，杨业功让他们把多的菜全部端给了招待所的炊事员和招待员。

很多人都避讳家中存款的问题，可杨业功却敢向官兵亮自己的"家底""我家四口人都拿工资,我月收入 3000 多元,家庭月收入 6000 多元,总存款年年上升,已经达到 30 万元,属于较高收入水平的小康家庭。"2003年,躺在病床上的他,向组织写出最后一份述职报告,并公布说明了自己的收入和财产情况。杨业功曾多次对人讲:"我在部队花钱的地方不多。乘车、医疗公家保障,吃饭、住房自己的工资足够了,钱够用就行,多了就是累赘。"

宁可清贫自乐,不可浊富多忧。这,就是杨业功一生的简朴写照。

·毕生奋斗铸"神剑",不辱使命谋"打赢"

作为第二炮兵某基地的司令员,杨业功把他所有的精力乃至生命,都无私地奉献给了为国锻造和平盾牌的事业。从一名普通的战士,成长为我国战略导弹部队的杰出军事指挥员,在 41 年的军旅生涯中,杨业功可谓是倾注了自己所有的热情。

是什么支撑着杨业功做到如此敬业?是内心的信仰!他始终牢记着一个共产党员的崇高职责,始终牢记着一名当代军人的神圣使命。在他心目中,没有什么比国家安全和统一更重要。就像他自己所说:"使命高于生命,责任重于泰山。"

带着这份强烈的使命感与责任感,他一直保持着临战的姿态、实战的标准和"倒计时"的紧迫感,努力打造让党和人民放心的新型战略导弹部队。他知道,作为一名军人,如果打不赢未来的战争,那就无法向党和人民交代。他所有的心思都放在了"打赢"这个目标上,尽管身份是一位将军,可他言行却像一位冲锋的战士,始终战斗在第一线,每年穿越崇山峻岭蹲基层、跑阵地的时间占三分之一,行程超过十万公里。

杨业功深知,天下虽安,忘战必危,而战争从来不青睐弱者。如果履行不好打赢的使命,就会成为"千古罪人"。所以,他的家里常年放着两个随时准备出发的旅行包:一个装满了军服、军鞋和日用品;一个装满了军事书籍、军事地图和办公用品。军人的忧患意识，让他从来不会被眼前的和平安逸所麻痹，从不让歌舞升平的生活消磨自己的斗志。

·廉洁自律，自诩"清贫的富翁"

杨业功曾经在一篇文章里写过这样的话："一个人的欲望如果只是追求金钱，他便永远得不到满足；而得不到满足便永远不会快乐。我没有很多钱，但我也有很多钱买不到的东西。"

从这番话里，我们感受到的，不仅是一位枕戈待旦的战将，还是一位散发着清风正气的廉将。身为军队里的高级将领，杨业功经常自称"清贫的富翁"。从前面的生活写照里，我们已经看到了他的勤俭节约，而他更为人所敬重的地方，是他在权力支配上的廉洁自律。

1987年10月，杨业功调任某导弹旅长，从就职的那天起，他就自书"携礼莫入"四个字贴在自家的门楣上，用来约束自己，警示他人。1988年春节前夕，该旅的不少官兵都想登门拜访一下杨业功，但很多人都因为"携礼莫入"四个字望而却步了。一名发射连长以为，这不过是领导做做样子，用来表现自己的清廉形象，就提着从老家带来的一些山珍特产贸然敲开了杨业功的家门。

"你是连长？"杨业功问。

"是的。"对方回答。

杨业功拉着连长来到门口，说："看到了这四个字吧？给你一次选择的机会。如果你不认识这些字，说明你不能胜任连长之职，我会撤了你；如果你认识这些字，那就说明你明知故犯，我要批评你，你得承认自己的错误。"这一番话羞得那位连长满脸通红，连声说："旅长，我错了……"而后，拿着山珍退出了杨业功的家门。

在杨业功看来，拘礼不分亲疏，无论是官兵战士，还是相交多年的朋友，送礼就是违规。基地所属部队的一名旅领导和杨业功私交甚好，经常一起聊天、谈论工作。有一年春节，这名旅领导趁着到基地开会的机会，顺便带了几袋山货给他。刚巧杨业功不在家，他的妻子说什么都不肯收下，对方无奈地说："嫂子，这点儿山货加起来都不到 100 块钱，司令员要批评，我跟他解释。"

当天晚上，杨业功回到家后，得知事情的原委，生气地批评了妻子，又把电话打到旅里，对这位旅领导兼朋友说："你来看我，我不反对，但要带东西来，我就不欢迎，你可不能带头违规呀！"三天后，杨司令员下部队检查，把土特产原封不动地退还给了那位旅领导。

提到权力，很多人就会联想到利益，可在杨业功的身上，权力只跟责任有关，无关名利。他一直认为，领导自身严，廉政标准高，就能底气足，胆子大，也能让部队有良好的风气。

有一位在副团职位置上做了四年的旅副参谋长，想在职务上调动一下，自恃与杨业功是老乡，平日关系也不错，就想让杨业功帮帮忙。没想到，杨业功却告诉他："有能力不用'跑'，没能力'跑'也没用，我的权力不是私有财产，绝不可以为个人谋私利。"当年年底，这位干部还是被安排转业了。

在杨业功做旅长时，他的一位侄子在部队里开车，驾驶时不慎发生了交通事故。营连领导考虑到事情不是很严重，就没有做任何处理。杨业功得知后，专门交代："越是我的亲戚，越应该从严处理。"最后，他的侄子背着处分退伍回家，亲戚朋友暗地里都说他"六亲不认"，可他却说："我是这个部队的'管家'，不能成为亲戚朋友的'特护保姆'，我只认原则不认人。"

杨业功生前常说："越是位高权重，越要在生活小事上防微杜渐。"身为基地司令员，他每年研究调整干部众多，过手审批经费数额巨大，无论用人还是理财，他都只有一个标准：掌权为公。

　　由于长期超负荷工作，杨业功积劳成疾，2003 年 11 月查出癌症时已接近晚期。在病危救治期间，他依然没有放松对自己的要求。动手术之前，他专门向家人和工作人员交代：不管手术是否成功，基地任何单位、个人不得找医院的麻烦；任何单位不得以任何理由来看我，干好本职工作就是对我最大的安慰；家属不得以任何理由收礼品、现金。手术之后，他转入后期治疗，部队招待所时常炖些鸡汤、鱼汤给他滋补。离开南京时，杨业功拿出 2000 元交给所长，说："谢谢你们的照料，这就算作我的伙食费吧。"

　　2004 年 7 月 2 日，杨业功因积劳成疾病逝，终年 59 岁。廉，是他一生赢得官兵、赢得人心的法宝；廉，是他矗立在人们心中的又一座丰碑。这个平凡而又伟大的军人，用尺子丈量自己的工作，用读秒计算自己的生命，未曾请缨提旅，已是鞠躬尽瘁，谱写了一曲当代军人为国奉献的壮丽乐章，也谱写出了一位清廉自律者高尚人格的璀璨与辉煌。

第六章

敢打硬拼，永不服输

打不烂摧不垮的钢铁意志

● 锻造强大的意志

孟子有云："天将降大任于斯人也，必先苦其心志，劳其筋骨，饿其体肤，空乏其身，行拂乱其所为，所以动心忍性，曾益其所不能。"

时至今日，这番教诲依然适用，一个渴望有所作为的人，必得磨砺出坚忍的意志，没有意志就没有最后的胜利，哪怕你再有天赋、有金钱、有地位、有学识，都很难获得大的成就。对军人来说更是如此，无论什么时候，都不能让意志在自己的身上垮掉。

确实，世上没有一种东西，能比得上坚忍的意志。意志力强大的人，如同一棵参天大树，面对再多的风雨，都能够傲然挺立，坚信自己可以抵挡住所有的考验。在意志力的作用下，他们往往能发挥出巨大的潜能。

第二次世界大战末期，在法国沦陷区，德国军官把一位被打得血肉模糊的美国士兵推出来示众。士兵的眼神里没有丝毫的恐惧，他的目光掠过悲愤而又无奈的人群，慢慢地举起凝着血痂的手，用食指和中指比画出了一个"V"的胜利手势。

群众骚动了，德国军官大怒，令人砍去美国士兵的手指。士兵昏厥了过去，一盆冷水将他浇醒，他又艰难地站了起来，伸出两只已经没有手指的血臂，组成一个更大的"V"字，向天空伸去。那一瞬间，全场死一般的寂静，旋即又如海浪般沸腾。

残暴的德国军官战栗了，他没有想到，这个象征着胜利的英文字母竟然无处不在，无可匹敌。他垂下头，看到台下的民众全都张开了自己的手臂。此时，德国军官突然明白了：就算他能砍去所有的手臂，也无法砍去这个字母代表的勇气，更无法砍去已经融入勇者骨子里的那份坚忍的意志。

意志是坚忍的，也是不可动摇的。每一位军人都有着铁打的坚强意志，无论是什么样的困难，什么样的险阻，都难以抵挡意志坚守的信仰，金钱不能，血与火不能，这就是军人的意志力，也是他们传递给世人的动人品质。

罗马哲学家塞尼卡有一句名言："真正的伟人，是像神一样无所畏惧的凡人。"

对每个人来说，谁能以不屈服、不放弃的精神去直面一切，谁就可以成为疲惫生活中的"英雄"。当然，要锻造强大的意志，必须在平日的训练中有意识地和内心的懒惰、厌烦、恐惧、沮丧等消极情绪做斗争，用理智的头脑支配自己的欲望、情绪和注意力，唯有这样才能为自己赢得强大的内心和顽强的斗志。

● 在困境中保持振作

海明威在《战地春梦》这本有关第一次世界大战的小说中写道："世界击倒每一个人，之后，许多人在心碎之处坚强起来。"在遇到挫折打击时能够爬起来前行，在面对重压时依旧傲然挺立，不放弃自己的理想，坚定自己的方向，这就是意志力对人所起的积极作用。

"等待与机会同在。"这是拿破仑信奉的一句格言。

拿破仑在担任革命军小队长的时候，就等待着崭露头角的机会。在等待中，他渐渐掌握了法国军事和政治实权，并且运用各种外交手段，以保证法国独立。至此，拿破仑成为法国人民心中的英雄。后来，拿破仑登基为皇帝，让法国成了欧洲的霸主。

从表面上看，拿破仑是一个战绩辉煌的人物，可实际上，他是经历了无数次的失败和挫折，以坚强的意志力和巨大的勇气，才取得了最后的成功，这种成功就是"等待后的成功"。

在征服了全欧洲之后，拿破仑说了这样一句话："庄严与滑稽之间只有一步之隔，等待与机会之间只有一步之邻。"

对于所有成大事的人来说，问题的关键并不在于能力的局限，而在于等待成功的意志力是否坚决。能力是取得成功必须的条件，但并非是充分必要的条件。

回顾一下那些受人瞩目的成功者们，在提及成功秘诀的时候，他们很少说起"能力"，说得最多的都是那些给予能力本身的启动力、渗透力、持续力等力量。促使他们成功的，不是只有能力，而是努力和忍耐。

每个人的潜力都是无限的，能力可以培养和锻炼，但是引爆潜能的前提依然是需要强大的意志力。

美国著名作家爱伦·坡的一生充满了挫折坎坷，可他从未向生活低头，他不屈服的精神造就了他文坛上的巨大成就。他曾经说："强烈的成功欲望会使一个人忘记一切苦痛，迎来成功的一天。"

在美国文坛上，恐怕再也找不出比爱伦·坡的命运更坎坷的作家了。他从小是个孤儿，受尽了世人的欺辱和白眼，但他是一个不向命运低头的人。生活中所有的痛苦经历，都成了他创作的源泉与动力，苦难鞭策着他，让他忘记了痛苦，不断地奋斗，终成一代文豪。

意志力是一种正能量，能够让人克服一切困难，对普通人而言如此，对军人而言更是必不可少。为了磨炼军人的意志，部队会组织各种锻炼意志的活动，目的就是为了培养战士在逆境中求生存的坚韧意志。翻山越岭、长途跋涉、实地演习、野外生存等一系列的训练，锤炼的不仅仅是战士的身躯，还有他们的内心。一名军人，必须拥有比常人更强大的内心，将来才能面对困难和失败，甚至是鲜血和死亡。

艾森豪威尔曾经对士兵们说过："如果你们想成为一名让国家为之骄傲的军人，那么你们必须拥有坚固得像钻石一样的意志力，并以这样的意志力，引导自己朝着目标前进。那么，你所面对的问题和困难，都会迎刃而解。"

任何事情如果没有踏平坎坷的坚持，就没有辉煌的胜利，只有百折不挠地坚持，才能赢得最终的胜利及成功。军人也好，普通人也罢，认准了一件事情，就要不屈不挠地坚持。那些在前往成功的路上跌倒了，懂得凭借顽强的毅力站起来继续前行的人，才能在逆境之下勇往直前，踏上成功的彼岸。

● 人物故事 | 丁晓兵：人可以有残缺之躯，不可有残缺之志

20年前，他是赴汤蹈火的英雄；20年后，他是感动中国的榜样。有人说，他是一座富矿，蕴藏着太多优秀的品质和高尚的精神。他在战时敢舍命，平时能忘我，从逆境中挣扎启程，在顺境中保持清醒。他就像一把号角，让理想与激情在士兵的心中蔓延。他，就是现任中国人民武装警察部队广西总队政委、被评为第八届"中国武警十大忠诚卫士"、被中组部授予"全国优秀共产党员"荣誉称号的铁血少将——丁晓兵。

·用左臂敬礼的军人

在某军队方阵中，士兵们的动作整齐划一，唯一站在方阵队伍最前

面的领队者丁晓兵，选择用左手敬礼，这绝非在搞特殊化，因为他是一名独臂军人。

丁晓兵是安徽合肥人，1983年入伍，参加过两山战役，曾担任昆明军区第二侦察大队侦查四连捕俘手。1984年10月，丁晓兵所在的侦查大队参加边境防卫作战，为了争取到最艰巨的任务，他用鲜血写下战书："我坚决要求参加战斗，打头阵、当尖兵，请党在战斗中考验我！"他先后出色地完成了20多次侦查和作战任务。

有一次，他们潜伏到敌方阵地前沿执行侦查和抓捕任务，后与敌方交上了火。当时，侦察连有4个捕俘手，高地上驻扎了40多个敌人，他们准备虎口拔牙强势抓捕。整个行动进展得还算顺利，敌人还没有反应过来的时候，他们已经得手了。

然而，在撤退的时候，意外发生了。敌人开始疯狂地进行火力报复。丁晓兵说，当时3个高地的火力同时向他们进行压制，封锁了撤退的线路。突然，一枚手雷从高地砸过来，那时候也没顾得上多想，因为抓住了一个俘虏，把俘虏一把压在地上，右手抓着手雷就想往外扔，可是已经来不及了。

丁晓兵回忆道，当时手雷在被扔出的时候炸了，那一瞬间并不知道自己的手臂没了，因为有一个炸弹的冲击波。等他醒来后，发现俘虏在往回跑，他一下子就把对方扑倒了，当时本能地想按住他的脖子，可一下子就歪倒了，这时才知道手臂肘关节已经没了，大臂的骨头一下子就插到了土里面。

等他爬起来的时候，看到大臂的部分只有一点点皮了，当时已经完全麻木了，感觉不到疼痛，只是大臂的血管不住地往外喷血。丁晓兵压着那个俘虏，开始喊："连长、班长你们赶快过来，我胳膊断了。"

战友们过来后，制服了俘虏，而后用止血带为丁晓兵做了一个简单的包扎。接着，他们就冒着敌人的枪林弹雨向后撤退。撤退的时候灌木很多，过程中有一位战友不幸牺牲，而他们还要把这名牺牲的同伴背回来。当时的行动非常困难，敌人的火力也很猛。

丁晓兵断裂的手臂只有一点点皮挂在上面，所以总被树枝挂住，扯得皮很痛。最后，他竟然用匕首把那只断臂割掉了。当时，因为想着带回来缝一缝还能用，就把断臂别在腰上。中途好几次，他都差点撑不住了，老班长一边走一边掐他的人中，说："晓兵你不能倒下去，再过一会儿我们就到了，你坚持一下。"

那时，有一种必须完成任务的信念，也有一种求生的本能，让丁晓兵撑了三个小时，一路滴着血往回走。这时，他看到了自己的战友抬着担架赶来。在看到担架的那一刻，他突然撑不住了，一头栽倒在地上。后来，他才知道，战友们当时都以为他牺牲了，含泪为他化妆，紧紧抱着迟迟不忍就此让他离去。此时，路过的前线医疗分队目睹了整个场景，开始全力抢救丁晓兵。医务人员经过了三天两夜的抢救，才把丁晓兵从死神手里抢回来。

此役过后，丁晓兵荣立一等战功，荣获团中央为他特设的第 101 枚"全国边陲优秀儿女"金质奖章。全国各大媒体都开始争相报道丁晓兵的英雄壮举，他的事迹震撼了那个崇尚英雄的时代，也打动了每一位中国青年的心。

·永不服输的铁血男儿

成为战斗英雄之后，丁晓兵的家乡安徽省政府决定让他担任省残疾人福利基金会常务副理事长，相当于副厅级干部；也有不少公司、单位和个体老板向他抛出橄榄枝，请他到单位担任要职，许诺给他高薪、住房和车子。

很多人劝丁晓兵："你现在只有一条左臂，留在部队很难有好的发展，还是趁着现在名气大、影响大，赶紧给自己找一条好的后路吧！"在鲜花、荣誉、掌声、利益面前，丁晓兵不为所动，坚决不离开部队。

1988 年，丁晓兵以优异的成绩从南京政治学院毕业，放弃了留校任教和进机关工作的机会，毅然决然地打起背包，来到了偏僻的大山里做起了连队指导员，一干就是十余年。2001 年，他所在的团赴沪、苏、浙等地执行协助海关监管任务，时任政治处主任的他主动请缨，要求负责拒腐防变形势最为严重的浙江片区。

身边有人劝丁晓兵不要去，毕竟做主任已经 4 年多了，万一有什么闪失，肯定会影响个人进步。丁晓兵不以为然，还是决定站在风口浪尖上，为国把关。驻地曾有一家公司找过他，只要派 3 名战士晚上给公司看大门，一年可支付他 8 万元的薪酬，却被他断然拒绝。他说："我手中的权力是党给的，只能听党指挥，绝不能让钱指挥。"

面对生与死、得与失、进与退的选择，丁晓兵虽然失去了很多，可他始终未忘初心，无悔地践行着对党、国家、人民的铮铮誓言。他总说："人可以有残缺之躯，但不可有残缺之志。"

失去右臂后，丁晓兵开始练习用左手拿筷子、系腰带、写字，克服了常人难以想象的困难，在很短的时间内就具备了基本的生活技能。为了练好打背包，他一个人躲在房间里用嘴和脚不停地练习，练得脚趾磨破了皮，嘴角流出了血，直到打背包的速度全连无人能及。在军事训练方面，他也从未放松过对自己的要求，8 个军事科目考核，取得了 7 项优秀、1 项良好的成绩。

凭借着这股不服输的心气儿，丁晓兵走到哪儿，就把红旗扛到哪儿。担任指导员 4 年，他带领的连队荣立一等功 1 次，二等功 1 次，三等功 2 次，被南京军区评为"基层建设先进单位"；担任政治处干事，他先后发表了100 多篇报道，被南京军区评为"新闻工作先进个人"。

2003 年 7 月，担任团政治委员的他，带领全团官兵奉命赴淮河流域执行抗洪抢险任务。哪里最危险，哪里就有他的身影。当时，寿县瓦埠湖堤坝突然发生特大管涌，他第一个跳进了激流中，和党员突击队一起打桩、运土扛包，经过了连续 19 个小时的艰苦奋战，总算保住了县城。激战之后，他的断臂伤口因为在污水中浸泡时间太久，出现了严重溃烂的情况，残留在身上的一块弹片露了出来，此时他才想起自己，才觉得断臂疼痛难忍。

·情系官兵的暖心领导

丁晓兵经常对基层干部讲："作为带兵人，不能把关心爱护士兵单纯地看作是一种工作方法，而要看作为党凝聚军心的政治责任，始终做到秉公用权，情系官兵。"

南方的部队夏天有冲凉水澡的习惯，但凉水一激很容易患上风湿性关节炎和静脉曲张，丁晓兵就决定把这个习惯改一改。在他的倡议之下，团党委筹集20万元，通过公开招标，为全团每个连队都安装了太阳能热水器。工程结束后，他带领后勤处长和营房股长，把每个连队的每台设备都检查了一遍，24个喷头全部亲自试验。一营的热水器水压不够，他要求施工单位换了3次，直至满意，目的就是让战士们能洗上热水澡。

最让部队干部挠头的事情，莫过于转业干部的工作安排，以及随军家属的就业安置问题。他总觉得，干部把人生最宝贵的年华都奉献给了部队，决不能撇下他们不管，这样的做法也会伤了留队干部的心。作为一名战斗英雄，丁晓兵经常被邀请到党政机关、企业学校去作报告，作完报告后对方总会问他，有什么个人困难要解决？他的回答，永远都是转业干部、随军家属的安置以及孩子的上学问题。十几年来，丁晓兵先后帮130多名转业干部和60多名随军家属解决了工作安置的问题。

为党带兵，就要把兵带得让党放心，这是丁晓兵一贯坚持的原则。他除了在生活方面关照官兵，在思想上更是合格的导师，引领他们走好人生之路。在他的教育帮助下，28名有过不良习惯的战士得到转化，30多名战士考上军校，17名战士直接提干。

·最具魅力的独臂英雄

作为一名优秀的军人，丁晓兵有勇有谋，屡立战功；作为一名军队干部，他体恤士兵，温暖宽容。他总说，自己是为人民利益而来，为人民利益而战。从战场到教室，从机关到团队，从士兵到干部，他战胜伤残，战胜自我，不断拼搏，为全军树立了一个模范榜样，也彰显了强大的意志力。

意志，是支撑人生的钢梁，是成就英雄的法宝。

在丁晓兵身上，我们看到什么是"钢铁般的意志"，也见识到了什么是铮铮铁骨，勇往直前。丁晓兵家的客厅里，挂着他用左手书写的诗句："俯仰无愧天地，褒贬自有春秋。"而他对自己的要求，就是做一竿翠竹，有骨有节，顶天立地。

毋庸多说，看过他的诸多事迹，我们已经知道，丁晓兵时刻都在践行他的承诺，顶天立地、无悔地活着、奉献着。

把一切献给热爱的事业

● 点燃生命的火种

西尔韦纳斯·塞耶被称为"西点之父"，西点军校就是在他的整顿下，才有了今日世界一流名校的美誉。他一直对自己的事业充满了热情，也为学员们树立了一个可效仿的榜样。

1807 年，塞耶进入西点军校学习。当时，西点的教学人员不足、管理松散、纪律松弛。对于西点的种种状况，塞耶感到强烈的不满和担忧。毕业后，塞耶到美国工程兵部队服役。1812 年，第二次英美战争爆发，身为上尉的塞耶目睹了美军由于纪律松散和士气不足导致严重伤亡的惨状，这更加坚定了他规范军事训练、严格军事纪律的信念。

1817 年 5 月，塞耶被门罗总统任命为西点军校的校长，他毫不犹豫地接受了，因为他知道，这是自己的使命。对于整顿西点这件事，塞耶早就预料到了不会那么容易，可到了学校之后，他还是被当时的糟糕状态震惊了。花名册上的 200 多名学员中，居然有一半以上都在休假，在校的学员赌博、酗酒、吸食大麻，没有一点儿军人的样子。塞耶明白了，这就是一个彻头彻尾的烂摊子。

为了把这群乌合之众整顿成纪律严明、作战能力强的队伍，塞耶开始了一系列釜底抽薪的改革。在教育方面，他建立了完整的教学体制，依据学生成绩来评定名次和奖学金等级；设立严格的考试制度，不合格者坚决淘汰；制定以土木工程为主的四年制学习计划，为后来美国最初的铁路线、港口、桥梁和公路建设输送了大批的人才。在纪律方面，颁布过失惩罚制度，对学员进行斯巴达式的严格军事化管理。另外，西点还实行了荣誉制度，新学员的军官和军士，从高年级的学员中择优选拔，这样既提高了学员的荣誉感，也锻炼了指挥才能。

改革开始后，短短一个星期，就有一大批不合格的学生被塞耶勒令退学。这位雷厉风行的校长，招来了教员和学员们的非议和责骂，可他改革的热情丝毫没有受到影响。他知道，要把西点打造成世界一流的军校，为国家培养出更多的将才，这是必经之路。

就这样，塞耶把西点带入了一个全新的境界，让西点成为世界有名的院校，培养出了大批优秀的人才，成为各个领域中的佼佼者。塞耶能够做出这样的成绩，在于他的倾情奉献，更在于他的如火热情，是这份热爱驱使着他去完成这项艰巨的使命。

亨利·福特说过："工作不应该只是为了谋生，它更应该是实现人生价值的途径。"如果每个人都能够像塞耶一样对所做的事倾注满腔热情，穷尽一生的精力认真对待自己的事业，那么，他终将收获一个非凡的精彩人生。

麦克阿瑟将军在南下太平洋指挥盟军的时候，办公室里挂着一块牌匾，上面赫然写着："你有信仰就年轻，疑惑就年老；你自信就年轻，畏惧就年老；你有希望就年轻，绝望就年老；岁月使你皮肤起皱，但是失去快乐和热情就损伤了灵魂。"

这大概是对热情最好的赞词了！热情是一种神奇的能量，若没有它，任何伟大的事情都无法完成。毫不夸张地说，热情是一切成功的基础。对于有才能的人来说是这样，对普通人来说更是如此，它甚至能够成为一个人生命运转中最伟大的力量。

励志大师卡耐基把激情称为"内心的神"，他说："一个人成功的因素很多，处于这些因素之首的就是激情。没有它，无论你有什么样的能力，都发挥不出来。"对芸芸众生中平凡的我们来说，如果能够秉持一颗热忱的心去拼搏，事情往往会出现意想不到的结果。

意大利文艺复兴时期的艺术家米开朗基罗，到了73岁高龄时已经衰老不堪，躺在床上难以起身。教皇的特使来到他的床前，请他去绘制西斯廷教堂圆顶的壁画。他考虑了半天，最终同意了，但提出了一个条件——不要报酬。他觉得，依照自己的身体状况来看，至多能干几个月，如果运气好的话，也只是一两年。不管是哪种情形，都注定是无法完成那项任务的，既如此就不该索取报酬。

教皇同意了米开朗基罗的条件。于是，这位73岁的老人从床上起来，颤颤巍巍地来到了教堂，徒手爬上了五层楼高的支架，仰着头去绘画。出人意料的是，他未因身体状况而疲乏不堪，反倒越画越有精神，体力和智力也有了变化。

时任教皇去世后，又换了一位新教皇，此时的米开朗基罗依然在画。新教皇死后，又来了一位接替人……一直到第三位教皇去世，米开朗基罗还未停下画笔。他足足画了 16 年，并于 89 岁那年，完成了这项永载史册的艺术巨作。

最后一次走下支架的米开朗基罗，看上去容光焕发，身体状况比 73 岁那年好上许多。他兴奋地穿上骑士铠甲，手持长矛，骑上战马，像疯子一样到旷野里奔驰，为自己的胜利欢呼。一年后，他才与世长辞。

这就是热情的奇妙与伟大之处，它能够让一个垂死的人容光焕发，让原本看来难以为继的生命一下子延长了十几年。可见，人在热情的支配下，能够调动身心的巨大潜力，这种潜力不只是才能，还包括意志力和体力。

如果你发自内心热爱你的工作，充满激情地做事，你的工作效率和结果跟那些满腹牢骚、被动行事的人完成的效果完全不同。在解决问题时，你若有 100% 的能力，有了激情，你便能做到 120%。如果你渴望成为人群中的佼佼者，那就点燃生命的火种吧！

● 热爱自己的职业

看过那么多舍生忘死、无私奉献的军人事迹，依然会有人问：他们为什么在关键时刻，会做出忘我的举动？是什么给了他们这样的勇气？真的没有恐惧吗？

要回答这个问题，不是三言两语能概括清楚的。若说恐惧，任何人都有，可真正的勇士就是在恐惧中前行；若问是谁赋予的勇气，那就是内心对军人这一职业的热爱，由热爱萌生出的责任。选择了当一名军人，就等于选择了把青春献给国防，用生命去捍卫它的形象，在奉献中体现自己的人生价值。做一名军人，不只是穿上军装、佩上军徽与钢枪那么简单，而是意味着将自己的一切毫无保留地呈现给祖国和人民。

一位哲学家说："有事做的人是幸运的，当一个人的精神倾注于某项工作时，他的身心会形成一种真正的和谐，不管是多么卑微的劳动。"这个世界上没有卑微的工作，只有卑微的心态。倘若以麻木的态度对待自己所做的事，那就亵渎了自己和工作。只有真正热爱一件事，才能够自觉地把它做到最好。

有些事情，单从旁观者的视角来看待，或者仅用世俗的标准来衡量，也许是单调乏味的，仿佛没什么意义，也没有任何价值可言，可对于热爱它并深入其中的人来说，却并非如此。每一件事情都可能对人生具有深刻的意义。很多事例证明，只要有心，砖石工或泥瓦匠也能从砖块和砂浆中看出诗意；图书管理员辛勤劳动，在整理书籍之余，也能感受获取知识的喜悦；厌倦了按部就班教学的老师，也许一见到自己的学生，就变得非常有耐心，忘记了所有的烦恼。

充满热忱的人，做事会非常投入，会表现出自发性、创造性，会充满乐观的精神，做什么事都神情专注，用心想把任务完成得更好。凭借热情，一个人可以释放出巨大的潜能，锤炼出坚强的个性，把枯燥乏味的事情变得生动有趣，让自己充满活力，培养自己对事业的狂热追求，感染周围的人，赢得宝贵的成长和发展的机会。

一个人选择了什么样的工作，如何对待自己的工作，想把工作做成什么样，直接反映着他对待生命的态度。选择了一份职业，就等于选择了一种生活方式，你只需要去适应它、热爱它。如果你是医生，救死扶伤就是你的职责；如果你是教师，传道授业就是你的义务；如果你是律师，维护权益就是你的责任。

世上的工作没有贵贱之分，只有职业不同之别，无论此刻的你在做着什么，请把你的职业当成信仰一样尊重，当成亲友和伴侣一样去热爱。你爱，灵感才会迸发；你爱，激情才会长存；你爱，进步才会不断；你爱，成功才会降临。

● 人物故事 | 孙炎明：用微笑诠释工作，用坚强提示生活

"重犯监室年年平安，而自己的生命还要经历更多风险。他抖擞精神，让阳光驱散铁窗里的冰冷，他用微笑诠释着什么是工作，用坚强提示着什么是生活。人生都有同样的终点，他比我们有更多坦然。"

他是一位普通的看守所民警，却用生命演绎了钢铁是怎样炼成的；他耐心诚信地坚守在自己的岗位上，让一颗颗灰色冰冷的心，重新感受到生活的阳光与温暖。他，就是孙炎明。

·特别的爱，给特殊的人

孙炎明是浙江省东阳市看守所的一位普通民警，1982 年 8 月参加公安工作，先后在东阳市公安局经济文化保卫科、城中派出所、城北派出所、预审科工作；2000 年 9 月调入东阳市看守所任监管民警。从警 29 年来，他一直恪尽职守、无私奉献，教育挽救了一大批失足人员。

孙炎明看管的几乎都是重刑犯、死刑犯或是无期徒刑者，可对于这些特殊的人，他却给予了特别的关爱。曾有人问他，为什么要对犯人那么好？他说："虽然他们犯了罪，甚至是被判死刑，但是在没有执行死刑之前，我们应该尊重他们的人格，他们也是一个人。有些没有判死刑的，尊重他们的人格之后，他们就又改回来，走上社会。今后若不再去犯罪的话，就是我们的工作对和谐社会做出了一些贡献。"

监管岗位上工作多年，孙炎明有一定的管理经验，经常主动要求接管一些不服管教的在押人员。他相信，在押人员扭曲的心灵，可以在自己细心、耐心、诚心和爱心的管教下被感化。

他告诉记者，虽然自己面对的都是服刑者，可作为一名长者、一名

管教民警，他始终把在押人员当成落入迷途的孩子，希望他们能够改过，好好走完剩下的人生。对于在押人员，他几乎倾尽了自己全部的心血，时刻留意着监室内人员的思想动态，生活上也处处关心他们，希望每一个在押人员都能平静地度过在看守所的日子。

孙炎明的真情付出，换来了在押人员的感动与平稳。有一年春节，他由于工作需要留在看守所里和在押人员一起过除夕。除夕之夜是团圆的日子，所有人都很想念亲人、想家，孙炎明的真挚情感打动了所有的在押人员，他们齐口同声地喊他"孙爸爸"。

在那样一个特殊的场合里，还有什么比这样的称谓更能表露真情呢？这一切，都是孙炎明用真情实意、舍小家顾大家的付出换来的。

·生命延续一天，就把工作干好一天

2004年，是孙炎明在东阳市看守所工作的第5个年头。正值生命和工作的黄金时期的他，却被命运之神捉弄了。一个不幸的消息从天而降——这年春天，他的左后脑勺出现了一个红色肿块，因为工作太忙，拖了两个月才到医院诊治，没想到竟被确诊为脑癌。

孙炎明说："得知病情后的1个小时，是我40多年人生中最难熬的1个小时。我也只能允许自己悲伤1个小时，因为自己逃避不了这一事实。"

当时，他在宁波读书的女儿正在准备高考，他一直不敢把这个消息告诉孩子。直到高考结束的那天深夜，女儿才知道他患了脑癌。第二天一早，强装笑颜的女儿推开病房的门，却发现父亲除了因为化疗脱落不少头发以外，看起来跟平日里没什么区别。

其实，孙炎明也失落过，绝望过。脑癌，多么可怕的字眼啊！可是，面对家人、朋友、领导、同事的关心，面对自己穿了20多年的警服，他慢慢调整好了心态：既然病魔已经来了，那就要直面它，精神绝不能被它击倒。

在医院治疗期间，孙炎明拿出了积极乐观的态度，经常开导同病房的病友。他的主治医生说，从医30年来，还没有见过病人在面对癌症时如此坦然豁达的，只是医生有些担心，孙炎明工作太拼命了，希望他能多注意休息。

孙炎明先后经历了三次大手术，可每次病情稍微好转，他就跑回所里继续工作。面对组织和医生的劝告，他说："默默在家里等死，还不如在工作上干死。"所里领导关心他的病情，希望他不要硬撑。听到这话，孙炎明有些急了，他说："我很清楚，老天留给我的日子不会很多，正是因为这份工作，才让我感到快乐，才使我的生命延续到现在。我不要组织照顾，工作有什么难事尽管分配，千万不要把我当病人看待。一个萝卜一个坑，一个人顶一个人用，我的生命延续一天，就要干好工作一天，我的生活才能快乐一天。"

·恪尽职守，站好每一班岗

身患绝症的孙炎明，就是这样倔强，不肯接受领导的照顾，依旧承担着繁重的监管工作。不仅如此，他还经常主动请缨，去做一些艰难的工作，用自己的经历去开解在押人员。

安徽人叶某因杀害妹夫，犯故意杀人罪，在2008年1月17日进了看守所。叶某意识到，自己死期将至，有些自暴自弃了，不肯服从管教，还经常大喊大叫。发现这样的情况后，孙炎明立刻找到领导，强烈要求把叶某调到自己的监室。

通过对叶某成长经历的了解，孙炎明心里有了底，开始针对性地与他交谈，耐心引导。同时，他还在生活上给叶某更多的关怀。一段时间后，叶某的情绪逐渐平稳下来。可就在此时，一封家书让他情绪再度失控，唉声叹气。因为家人的指责，让他悔恨、惶恐、自责，他只想早点离开这个世界。

"我知道你现在想什么，想一死了之，是吧？"孙炎明直截了当地对叶某说，"但是你这样死，对你妹妹一家有什么意义吗？你要做的是如何还这份债！"见叶某不语，孙炎明进一步说道，"你想过没有，你自己可以救自己。如果你在押期间有重大立功表现，死刑是可以减成死缓的，死缓也可以减为无期乃至有期徒刑。"

当孙炎明第三天找到叶某谈心时，叶某表示："孙管教，我知道你身体不好，可你还这么关心我，我向你道歉，愿意接受处罚，今后我一定遵守监规，服从管教，不惹麻烦。"2008年9月9日，叶某被法院判处死刑，面对这样的结果，叶某没有什么过激的情绪，也没有做出违反监规的事情。在执行死刑那天，孙炎明和同事一起送他到金华。临行前，叶某要求见孙炎明最后一面，含泪说道："孙管教，给你添麻烦了，谢谢你，你的恩情来生再报。"

作为管教民警，孙炎明始终认为，自己的工作对象是一个特殊群体，他们曾经危害社会，如何让他们认罪伏法、改造自我、重新回归社会是自己的责任。对待很多在押人员，孙炎明不顾身体的不适，屡屡推迟复查的时间，用自己的真心解开在押人员的心结，让他们真正意识到自己的问题所在，并树立起重新面对生活的勇气。

他总是说："生病之后，我的精力大不如前，大伙也都让我少干点。我想如果能在有生之年多挽救几个误入歧途的青少年，那该是多大的功德呀。再说，如果不工作，我的生命不一定能延续到今天。"

孙炎明很平凡，很普通，可他却在警察这份神圣而崇高的职业中，把奉献作为自己的责任、承诺和义务，让生命在奉献中得到升华。他从未说过什么豪言壮语，但内心却始终秉承着一个声音："既然工作，就该尽心尽职，不能稀里糊涂混日子。"

·朴实的情怀，无声的奉献

孙炎明生病期间，从未向组织提过任何要求。

有一次，他向所长请假，说在老家的母亲身体不舒服，要去探望一下。所长当场就批假了，考虑到他的身体状况，想给他派一辆车。孙炎明拒绝了，他说："不用，不用，我自己坐公交车走。"所长解释说："我给你派车，是希望你早点回来工作。"这下，孙炎明没话说了，默默地坐上公车。谁知道，没过多一会儿，驾驶员就开车回来了。所长问是怎么回事，驾驶员说："孙炎明让我把他送到车站后，自己坐公交车走了。"

2008年6月，孙炎明觉得身体不太舒服，找教导员请假。他问教导员，所里老马的年假是不是批了？教导员说，老马家里盖房子，年假已经批了。教导员看出了孙炎明的心思，说："你的身体情况大家都知道，只要你感觉不舒服，任何时候要休息，我们都会批的。"孙炎明却说："没事儿，所里最近人手本来就少，我还能坚持，等老马回来我再休息吧。"

孙炎明没有太多惊天动地的英雄壮举，他就坚守在自己的岗位上，带着一份朴实的情怀，默默地奉献着。一朝爱岗不难做到，难的是几十年如一日都能如此，可孙炎明做到了。对理想的执着追求，对事业与岗位的热爱，让这个平凡的基层监管人民警察不再平凡。从他身上，我们看到的是坚强的意志，是无悔的忠诚，是执着的热爱。在他的生命里，没有什么该与不该，有的只是无声的行动。

不惧失败，更要敢于胜利

● 挑战自我，追求卓越

美国富尔顿学院的一位心理专家说过："我们最大的悲剧不是恐怖的

地震，也不是连年的战争，甚至不是原子弹投向广岛，而是千千万万的人活着然后死去，却从未意识到存在于他们身上的巨大潜能。"

每个人身上都有无限的潜能，但这种潜能在平常状态下很难发挥出来，需要一定的条件才能够爆发。这个条件，就是敢于挑战自我，用最严苛的标准要求自己，相信自己可以抵达理想中的目标。就像《孙子兵法》里所言："求其上，得其中；求其中，得其下；求其下，必败。"一个人只有给自己设置最高的目标，才有可能取得好的成绩；倘若一开始就随随便便，得过且过，那他所取得的成绩也是有限的。原因无他，要求低了，动力也就弱了。

2006 年 5 月 27 日，在西点军校的毕业典礼上，美国总统小布什亲自为该年度的西点女状元——21 岁的华裔姑娘刘洁颁奖。在本届毕业生中，只有平均成绩排名前 5 的学员，才有资格接受总统亲手颁发的毕业证书。在诸多优秀者中，最突出的就是西点军校有史以来第一位华裔女状元刘洁。在所有人的注视下，刘洁迈着沉稳的步伐走上主席台，向布什总统行标准礼，而后从他手中接过了毕业证书。这一场面，让全世界的华人都感到振奋。

刘洁的外曾祖父刘峙，是参加过抗日战争的知名将领；她的祖父刘寿森，也是一位将军。可以说，她是将门之女。刘洁住在弗吉尼亚州，个性争强好胜，喜欢踢足球，经常跟男孩子一争高下。她不喜欢女孩钟爱的洋娃娃，而对玩具枪格外着迷，在她眼里，花花绿绿的裙子远不如野战迷彩服帅气。

5 岁那年，刘洁跟随父母参观军舰。一踏上军舰，她就学着肃立敬礼的士兵，一本正经地行军礼，俨然就像一个小海军。参观军事纪念馆时，她对那些陈列的军装、军徽、勋章很感兴趣，父母催了好几次，她都不肯挪动脚步。美国的孩子很多都要参加童子军，而刘洁却发现，女童子军都是做手工、参观博物馆，看起来一点儿精神都没有。当时，刘洁的心里对男童子军的野营露宿充满了向往。

上了高中以后，刘洁的学习成绩非常优秀，多次获得学校的嘉奖。同时，她的体育成绩也很出色。高中二年级时，她收到了西点军校的录取通知书。在选择大学的问题上，父母和刘洁之间产生了分歧。父母觉得，刘洁是女孩子，体能上不适合西点的严酷训练，他们更希望女儿学习理工科，将来专注地做学术、搞科研。刘洁不愿意走这条路，她心里已经暗暗做了决定，一定要上西点军校。

想进入西点军校，只有录取通知书是不够的，必须有州参议员的推荐信和体检合格证明。对平日里就酷爱运动的刘洁来说，体检不是问题，关键是参议员的推荐信，这该怎么拿到呢？父母原本就不赞同她的选择，肯定不会帮忙，只能靠自己去想办法。她发誓，再难也要克服。

还在读高中的刘洁，自己去查资料，寻找联系参议员的方式。她一个人到州里索取申请表、填写理由、表明意志。最终，她的名字被排在推荐信的第一优先位置。这意味着，如果她自己不放弃，没有谁能够从她手里夺走这个机会。

终于，刘洁说服了父母，迈进了西点的大门。作为新学员，女孩没有任何的优待，刘洁也同男学员一样，接受了3个月封闭式的"魔鬼训练"，跟他们一起摸爬滚打，接受高强度的体能训练。实在想家的时候，就睡前趴在床上，打着手电筒给父母写封简短的信。

对刘洁来说，高强度的体能训练不是最难熬的，真正让她感到痛苦的，是学长的"刁难"。这也是西点军校的一个"习俗"，只要学长愿意，任何东西都可以成为发难的理由，哪怕是家人或朋友寄来的信封看起来花哨一些，也可以被当成体罚的理由。为此，刘洁吃了不少苦。

有一回，她的朋友寄来一盒饼干，想给她送去一丝慰藉。没想到，教官发现后，当即惩罚刘洁做俯卧撑，一块饼干等于10个俯卧撑。刘洁一口气做了上百个俯卧撑，整个人几乎要瘫在地上了，幸好排长事先帮她吃掉了半盒，不然后果不堪设想。这些惩罚措施，没有让刘洁心存抱怨，她愈发明白：所有严酷的纪律和看似不合理的规定，都在训练军人的服从意识，服从是无条件的。

刘洁咬着牙，熬过了艰难的第一年。二年级时，刘洁开始负责带一名新生；三年级时开始负责带领一个班、一个排，甚至更大的队伍。此时的她，已经完全适应了西点军校的一切。可即便如此，她也没有松懈对自己的要求。

在学习方面，刘洁一直很刻苦，成绩名列前茅。在西点军校优秀毕业生的颁奖典礼上，她一共获得了7个学业成绩优异、表现出色的奖项，同时作为毕业生代表，向所有来宾致辞。当所有毕业生把军帽一起抛向天空的时候，她知道自己已经完成了人生旅途上的一段重要路程，未来她希望能够在西点军校执教，把自己在这里学到的一切传给新的学员。

Free Markets 公司副总裁戴夫·麦考梅克曾经说："西点军校是最能打消傲气的地方。今天你还是一个地方明星，明天你就只是数千强者中微不足道的一个。"在这个精英集中的地方，不努力就会遭到淘汰，追求卓越是每一个学员的目标。

其实，不只是在西点，在任何领域中，我们都渴望追求卓越，争当第一。只是，在面对现实的时候，总喜欢找借口，认为自己不行，结果压抑了自身的潜能。其实，争当第一没什么不可能，每个人都有意想不到的能量。从现在起，我们要学会挑战自己、改变自己，就算超越不了他人，至少可以超越自己。

● 有敢为天下先的勇气

凯撒大帝曾说：“如果我是块泥土，那么我这块泥土，也要预备给勇士来践踏。”

敢于冒险是一种勇气，勇者永远值得敬畏。作为军人，勇敢是必备的素质。如果一名军人丧失了勇气，他就不可能在战场上取得胜利。为人所敬仰的拿破仑，在率军作战时就喜欢冲锋在前。只要有他打先锋，士兵们的战斗力就会倍增；巴顿将军也是一个喜欢走在前面的人，他向来以喜欢冒险、作战勇猛著称。他们在面对危险的时候，从不胆怯和懦弱。

曾经有人问美国前总统尼克松：“想要成功踏上仕途，需要哪些条件？”

对这个问题，仁者见仁，智者见智。有些人会想到聪明才智，也有些人会想到机遇，但尼克松给出的答案却截然不同，他说：“要想获得政治上的成功，有一项不可或缺的素质，那就是为取得成功而甘冒一切风险，但是真正具备这种品质的人是很少的。你绝对不应该害怕失去什么，当然，我的意思不是要你去鲁莽行事，但你必须足够勇敢，否则难以取得成功。”

勇敢，就是敢为天下先的勇气。在危险重重的境遇里，勇敢的人总会以豪迈的姿态走上前，想办法战胜困难，夺取胜利。

美国内战爆发后，17 岁的阿瑟想要从军为国效力。父亲把他送到新组建的威斯康星州第 24 兵团。阿瑟是有一些天赋和能力的，上级很看好他，委任他做副官，并授予中尉军衔。尽管深受领导赏识，但还有很多人对阿瑟不屑一顾，也不喜欢他，嫌他太年轻、没经验。对这些轻蔑嘲讽，阿瑟并未太在意，他很快就用勇敢证明了自己的实力，证明自己配得上副官的职位。见识到了阿瑟在作战中的敢闯敢干、英勇无畏，部属们再不敢轻视他。

　　1963 年 11 月 25 日，查塔努加之战激烈地进行着。阿瑟所在的第 24 兵团接到命令，他们要向一座陡峭的高地发起冲锋。可敌人的火力太猛了，他们攻打很久都没成功，只好退下来。就在部队进退维谷之际，阿瑟突然做出了一个惊人的举动：他亲自带着 3 名掌旗兵，出现在了山坡上，一步步地向敌人挺进。

　　敌人怎么可能如此轻易就让阿瑟逼近呢？他们猛烈地朝着阿瑟的方向开火。第一个士兵倒下了，第二个士兵、第三个士兵也相继倒下了。阿瑟的举动实在太冒险了，可他并未打算放弃，而是继续往前冲。他毫不畏惧地从倒下的士兵手中接过军旗继续前进，这时候，阿瑟发出了一声扭转战局的呼喊："冲啊，威斯康星！"

　　阿瑟的呼唤得到了回应，所有的战士如梦初醒，他们怒吼着冲了上来，就像是一头头野兽。阿瑟的冒险精神唤起了部队的士气，他们朝着敌军猛冲过去。最后，高地被夺下来了，阿瑟带领部队迎来了辉煌的胜利。

　　只是，阿瑟筋疲力尽，鲜血染红了他的衣服，在胜利的那一刻，他重重地倒在地上。万幸的是，阿瑟没有失去生命，他坚强地活了下来。战斗结束后，骑兵司令激动地抱住了阿瑟，哽咽着对身边的士兵说："要好好照顾他，他的实际行动真正无愧于任何荣誉勋章。"

　　查塔努加之战的胜利，有着特别重大的意义，为谢尔曼将军南下横扫佐治亚州奠定了基础。这场战役的胜利，多亏阿瑟在关键时刻的冒险精神，他的行动挽救了军队，也扭转了败局，可谓是当之无愧的功臣。鉴于他表现突出，部队授予了他国会荣誉勋章，这是国家最高的奖赏。

　　经过这一场战役，阿瑟成了团里的英雄，一年内连连晋升，成为北军中最年轻的团长和上校。此时的阿瑟，不过 19 岁，却赢得了所有人的钦佩和尊敬。

　　在危险的时候冲到最前面，是一名军人的责任，这一点毋庸置疑。作为普通人，即便没有身处战场，也当培养自己冒险的精神。有冒险，才有机会；有风险，奋斗才充满趣味。保守、缺乏创新意识的人，在这个时代的任何领域，都是难有作为的。

　　每个人都有局限性，想要强大就要不断挑战自己的极限，逃避无法解决任何问题。想要超越目前的成就，就不要给自己设置局限，相信自己一定能行，也不要害怕困难，要迎难而上。冒险精神能够激发我们潜藏着的精神力量，催发出巨大的推动力，让人突破瓶颈，超越自我。

● 人物故事 | 李中华：在蓝天上谱写一个时代的狂飙歌

　　翻开中国试飞员的群英谱，有一个人与诸多辉煌的时刻紧密相连——

　　国产歼-10战机主力试飞员，创造了该机最大飞行表速、最大动升限、最大过载值、最大迎角、最大瞬时盘旋角速度、最小飞行速度等六项惊人的记录；中国试飞员中第一个掌握国产三角翼战机和某重型战斗机失速尾旋试飞技术的人，填补了我国试飞领域的空白。

　　5年的时间里试飞国产新型战机高难科目61个，其中一类风险科目高达57个；中国试飞员中第一个驾驭苏-27战机的人，飞出了高难特技动作"眼镜蛇机动"，是迄今为止完成该动作最多的中国试飞员。

　　成功处置15次空中险情、5次空中重大险情，先后荣立一等功1次，二等功5次，三等功6次；获得国家科学进步特等奖、二等奖各1次，国家航空工业部门先后给他记一等功4次，二等功5次，三等功6次。

　　他，就是现任空军某试飞团副团长、空军特级飞行员、功勋飞行员，中国首批双学士试飞员，国际试飞员——李中华。

·和平时期离死亡最近的军人

每一架新型飞机，都必须经过试飞的过程；每一次试飞，都要探测和确定飞机的可能性与未知性；每一次试飞都是试错，而试错的代价就是试飞员的生命。从实验样机到装备部队，一款战机的成熟定型，需要数年乃至十余年，在这些不为人知的岁月里，试飞员告诉我们："战机根本不是设计出来的，而是飞出来的。"

李中华，就是让这些战机"飞出来"的人。战斗机飞行员是一个极具危险和挑战的职业，被誉为空军的"王牌"，而战斗机试飞员就是"王牌中的王牌"。他们驾驶的飞机，是普通飞行员从未飞过的、最先进的、最前沿的机型，实现的是飞机从蓝图到钢铁雄鹰的跨越。

对李中华来说，每一次试飞都是"刀锋上的舞蹈"。

2007年5月20日，西安郊区中国飞行试验研究院机场一片忙碌，试飞的几架飞机中，有一架是李中华用变稳飞机带飞空军第四试飞大队在进行"驾驶员诱发震荡敏感等级"科目的试验。12时22分，飞机突然向右侧剧烈偏转，机头向右上方仰起后向下滚转，瞬间由大侧滑进入"倒扣、下降"的状态，很有可能进入"尾旋"。

李中华意识到，自己遇到了重大险情。此时，飞机距离地面只有400米的高度，坠毁不过是几秒钟的事。学员下意识地喊道"飞机不行了"，而李中华却处变不惊，保持着镇定。他考虑到学员对飞机不熟悉，一边稳住对方的情绪，一边采取应急处置。按照正常的处置程序，切断变稳系统后，没有任何反应，他立刻转换思路，左右手齐动，关闭变稳系统电源等，使飞机恢复了手动操纵。此时，飞机距离地面只有200米，从发现故障到排除、改出，李中华只用了6秒！

飞机顺利回到了地面，现场的试飞专家激动地说："这次险情发生得太突然，危险性极大，如果不是李中华技术过硬、心理素质强，进行了及时、正确、有效的处置，是肯定要摔飞机的。李中华保住的不仅仅是一架经济价值极高的变稳飞机，更是数十年来科研人员智慧和心血的结晶。"

·异国求学，力当试飞"多面手"

过硬的心理素质，源自精湛自信的技术，而练就这一身本事，却不是一件轻松的事。

李中华说："我国航空科研试飞技术和发达国家相比，还有不小的差距。要缩短差距，就得拼命地钻、虚心地学。"他曾经三次赴俄罗斯深造，可至今为止，他都不知道莫斯科郊外的晚上到底有多迷人，他的记忆里只有伏案苦读的不眠夜。

1994年春天，我国首次选拔李中华等三名试飞员赴俄罗斯试飞员学院深造。在此之前，中国没有一名取得国际试飞员合格证书的试飞员，很多科目都只能花费重金聘请国外的试飞员来试验。对李中华和战友来说，出国学习的第一个拦路虎就是语言。俄方的教员都带有方言口音，一堂课下来，李中华的笔记本全是空白的，根本听不清楚对方在讲什么。

课间休息时，他只好鼓起勇气去找教员，请求对方讲得慢一些。可教员却说，自己习惯了这样讲。当环境不可能改变时，唯一能做的就是改变自己。李中华红着脸默默退下，决定"拼了"。那段时间，他跟房东俄罗斯大婶、刚上小学的俄罗斯小姑娘一起学习俄语。最后，他和战友不仅能用流利的俄语对话，还能用俄语写论文进行答辩，以全优的成绩通过考试。

然而，理论知识只是一部分，重要的还是实战。等真正走进俄罗斯试飞场，李中华很震惊：俄罗斯的试飞员个个都是多面手，歼击机、轰炸机、非运输机和直升机，什么机型都能够驾驭。这时，李中华领悟到，现代试飞技术是一个大系统，一名只会飞歼击机的试飞员，不会对现代航空技术有全面系统的理解。

于是，他和战友们决心也要力当试飞多面手。一年的时间里，他和两名战友每天只睡 5 个小时，上千次地演练，以惊人的毅力完成了国际试飞员的所有课程，且试飞了多款机型，成为名副其实的"全能试飞员"。

回国的时候，李中华没有带回一件特产，而是背回了 30 多公斤宝贵的试飞资料。他和战友们结合中国的试飞特点，编写出了中国最新的《试飞大纲》，推广到全空军试飞部队。他们整理出的《试飞员培训手册》，为大批优秀试飞员脱颖而出打下坚实基础。

· 再赴异国，降服"眼镜蛇"

1997 年 4 月 23 日，李中华再次踏上俄罗斯的土地。在去往俄罗斯国家试飞学院的路上，他在思考一个问题：如何向俄方表达自己想要试飞"眼镜蛇"的意图？

世界所有顶尖的飞行员，都希望能够亲自驾驭飞机完成"眼镜蛇"动作。所谓"眼镜蛇"，就是过失速机动动作。1989 年 6 月在巴黎航展上，苏联著名试飞员维克多尔·普加乔夫第一次在全世界面前表演了眼镜蛇机动，震惊全场。

当时，俄罗斯只有几位资深试飞员能完成这个动作。李中华觉得，如果自己能够做到的话，不仅是飞行技术上的突破，也能够向世界证明，中国空军试飞员也可以达到外国试飞员能够达到的技艺和境界。

走进校长办公室，李中华受到了校长的热烈欢迎："中国勇士，你是我最出色的学生之一，这次回来想飞什么？"李中华非常坚定地说："飞'眼镜蛇'！"校长先是一惊，而后说道："好吧，我答应你，但你要知道，它充满了风险。"

在试飞"眼镜蛇"动作之前，李中华做了很多准备工作，他在两个月的时间里完成了苏 -27 的所有失速尾旋的试飞科目，这些高强度反常规的操纵，不断考验着他的身体和意志的极限。终于，他等到了与"眼镜蛇"

过招的那一天。

那天，李中华驾驶的苏-27战机飞向蓝天，在8000米指定空域，他一边默念操作程序，一边紧盯着速度表，开始有序地操作。一连串的动作完成后，机头猝然抬起，李中华被强大的重力加速度压向座位……他第一次顺利完成了"眼镜蛇"动作。

然而，对自己的表现，李中华并不是很满意。他发现，驾驶杆没有回到中立位置，导致飞机产生了偏转，而完美的"眼镜蛇"机动不应该有任何的偏转。再来一次！机身发生了反倒向偏转。此时，后座的俄罗斯资深试飞员喊道："危险，危险！"这是进入尾旋的前兆。

李中华早已做好了心理准备，他迅速将飞机控制住，第二次、第三次……第六次，一遍又一遍，他驾驶的飞机从高空8000米一直飞到1000米，"眼镜蛇"终于被他降服了。走下飞机后，俄罗斯的试飞员拍了拍他的肩膀说："祝贺你，完成'眼镜蛇'动作是飞行员至高无上的荣誉。从此以后，我们的飞机对你来说，没有秘密了！"

当他完成了这个动作后，中国试飞研究院总师给出了这样的评价："我敢说，李中华对这个动作的理解，比它的创始人普加乔夫还要深刻。"对此，李中华却说："不能这样讲，普加乔夫是一名先驱者，他很了不起。"他对很多优秀试飞员都充满了钦佩与崇拜，但他说："崇拜不是重复，试飞员不仅要用身体飞，还要用脑子飞。只有这样，才能激发出飞机的潜能，甚至发现潜在的设计缺陷。"

·只要科学加勇气，下一次还会赢

试飞是刀尖上的舞蹈，是一种残酷的科学。在这个充满危险的岗位上，李中华从未退缩过。在他看来，试飞员遇险不是什么新鲜事，平安无事才不可思议，和危险抗争搏斗，直至战胜它，是试飞员的使命和光荣。

曾经有人劝李中华换一个职业，他却说："假如有一天中国只剩下一个试飞员，那就是我——与死神 20 次掰手腕，我都赢了。只要科学加勇气，下次一定还会赢。"说起过往 20 次遇险时那些惊心动魄的场面，他非常平静，就像面对过眼云烟一般。

当记者问他："作为我国第三代战机的主力试飞员，现在你最想试飞什么飞机？"李中华的眼睛里，闪烁出一丝光华，他抬起头，望着远处的地平线，说了三个字："第四代！"

挑战技能、突破极限，这是对意志和勇气的磨炼。在前进的道路上，还会有诸多未知的风险，也有会意想不到的挑战，可对于敢笑着迎接挑战的试飞尖兵李中华来说，他愿意接受所有的使命和危险，他也努力飞得更高、更快、更远！

第七章
与时俱进，攻坚克难

荣誉面前保持一颗平常心

● 荣誉越高，头越要低

浅薄的人往往以为自己的本事是充盈的，而智者却总是深感学海无涯，保持着谦卑进取的姿态。就像英国小说家詹姆斯·巴利所说："生活，即是不断地学习谦逊。"即便获得了很多荣誉，身处很高的位置，依然不可居功自傲、矜才使气。

东汉名将冯异是一个品行高洁、才能出众的人，他驰骋沙场几十年，战功累累，是汉光武帝刘秀中兴时期的杰出统帅。他为人所敬仰，不仅因为他的军事才能，更在于他的低调谦卑，从不盛气凌人。

更始元年，刘秀率王霸、冯异等将领攻克邯郸，擒斩王郎，平息叛乱。战争中，冯异克服了重重困难，想尽办法为夜宿的大军筹措粮食，熬煮豆粥，让将士们饥寒俱解，恢复了战斗力。刘秀统帅大军行至南宫时，突然遭遇了大雨，寒气逼人。冯异四处奔波，取薪燃火，让将士们取暖烘干衣服，并送上热腾腾的麦饭，让官兵们以最好的状态迎战。

冯异的种种作为，感动了所有的将士，军队士气大振，一举取得了胜利。战后，刘秀把所有将领召集到身边，准备论功行赏时，冯异却独自离开，到一棵老槐树下认真地读起《孙子兵法》。侍卫看到后，知道冯异又想把功劳让给大家，就硬把他拉到刘秀跟前。冯异对封赏再三推让，众位将领见此都纷纷劝他，冯异实在推脱不掉，便提议将此功让给自己属下的一位偏将，让这位偏将大受感动。刘秀看到冯异如此谦卑，又赏给他许多金银，而冯异则把这些金银悉数分给了战役中表现勇猛的战士。

冯异的品行赢得了军中将士的钦佩与尊重，也使他调动起部下来得心应手，与他同级的人也很欣赏他，刘秀更是器重这位有才有德的将领。

对冯异来说，为军为国争得荣誉是自己的职责，可在胜利面前不能居功自傲，而要心平气和地将其视为一个新的起点。只有这样，才能不断地创造奇迹，赢得尊重。

时过境迁，谦虚谨慎、不骄不躁的美德，却始终为人们所称赞。

1949 年 3 月，毛泽东在西柏坡召开的党的七届二中全会上，提出"务必使同志们继续地保持谦虚、谨慎、不骄、不躁的作风，务必使同志们继续地保持艰苦奋斗的作风"。这"两个务必"，也是解放军一直以来坚持的作风与精神，更是解放军不断取得进步的法宝。

解放军牢记党的教导，在创造佳绩的同时，也看到了军队工作中的缺点和不足，积极地改进，避免了骄傲自满的情况。同时，他们也不断向外界学习，把一些好的经验、作风、方法融入实际工作中。

谦卑的品质和精神，可以聚拢人、打动人，赢得人们的敬重。这份谦卑不是矫揉造作，而是发自内心的，以平和的心态去看过往的成就，不沽名钓誉，也不为世俗所迷惑，在所从事的领域内，在自己的岗位上，不断去进步、去超越。

● **虚怀若谷能学到更多**

生活中，多数人都难抵骄傲的诱惑，有点儿小成绩就沾沾自喜，结果成了进步的障碍。真正优秀的人，知己所知、知己所不知，知己所长、知己所短，虚心不自满。

智叟和愚公生活在同一个地方，自幼一起玩耍。智叟看起来很聪明，许多东西一点就通，且过目不忘，他也为自己的聪明颇为骄傲。愚公就不行了，虽然用功，可处处都显得很笨拙，十分的汗水也换不回一分的收获。所以，他时常流露出一种自卑感。

多年后，这两个人的命运又怎么样了呢？聪明的智叟，四处炫耀自己的才能，可他一生业绩平平，没做出什么大事。自觉愚钝的愚公，谦虚低调，不断地充实自己，超越自己，在很年轻的时候就已经成了那个时代的伟人之一。

智叟看到了自己的聪明而沾沾自喜，到处张扬，骄傲得不得了；而愚公看不到自己的聪明，所以他很谦虚、很努力，才有了如此成就。毁掉智叟的不是别人，恰恰是智叟的骄傲自满。

这虽然只是一个故事，却也告诉我们，骄傲自满能毁掉生命的卓越，而谦虚低调却能挖掘人的潜质。优秀的人不仅有实现梦想的能力，更懂得不停留于自己所表现出的卓越上，虚心地去学习和容纳更多的知识。

德国阿道夫·冯·贝耶尔是发现靛青、天蓝、绯红现代三大基本染料分子结构的著名化学家。他在大学读书时，有机化学家贾拉古教授的名字传遍了德国。有一天，贝耶尔和父亲在一起闲聊，谈到了贾拉古教授。贝耶尔说："贾拉古只比我大 6 岁……"言外之意，是这个人没什么了不起。

父亲听后，对贝耶尔说："大你 6 岁，难道就不值得你学习吗？我读地质学时，有的老师比我还要小 30 岁，我一样恭恭敬敬地称他们为老师，认真地听他们讲课。你要记住，年龄和学问不一定成正比。不管是谁，只要有知识，就应该虚心向他学习。"

为什么我们要谈虚怀若谷呢？因为，"若谷"才可以填充更多的知识与本领。很多人无法做到更加卓越，是因为头脑里装了一些东西就开始骄傲自满，却不知道大千世界，还有太多值得探索的东西。要想在这个世界上有所建树，或者要在某些方面独占鳌头，就要知己无知、不耻下问，精益求精、积极改进。

做一个谦虚的人，保持一颗进取的心。知识的海洋浩瀚无边，即使穷尽毕生精力也只能掬起一朵浪花，但在不断自我超越的过程中，我们的人生会变得更加充实，自身的价值也会不断得到提升。

● 人物故事｜杨利伟：实现飞天梦，依旧低调如初

"那一刻当我们仰望星空，或许会感觉到他注视地球的目光。他承载着中华民族飞天的梦想，他象征着中国走向太空的成功。作为中华飞天第一人，作为中国航天人的杰出代表，他的名字注定要被历史铭记。

"成就这光彩人生的，是他训练中的坚忍执着，飞天时的从容镇定，成功后的理智平和。而这也是几代中国航天人的精神，这精神开启了中国人的太空时代，还将成就我们民族更多更美好的梦想。"

·从胆小的孩子到第一代航天员

看到上面的那段颁奖辞，你一定猜到了，它歌颂的是那个圆了中华民族几千年梦想的英雄人物——飞入天空的第一位中国航天员，杨利伟。

1965年，杨利伟出生在辽宁省葫芦岛市绥中县。他自幼比较文弱，性格内向，略有些胆小。为了磨砺他的性格，父亲每年寒暑假都会有意

地带他去爬山，到县东六股河游泳。渐渐地，杨利伟就对探险和运动产生了兴趣，经常跟同伴跋山涉水野游，寻访古寺遗址。

1983 年 6 月，正在读高三的杨利伟，赶上了空军招收飞行员。一直怀着从军梦的杨利伟，第一个到选飞报名处报上了自己的名字。经过严格的选拔、考察、体检、面测等一系列程序，18 岁的杨利伟正式成为中国人民解放军空军第八飞行学院的一名学员。那时候，当飞行员是很多年轻人的梦想，他能在几百人中脱颖而出，并顺利通过高考，在县城里引起了很大的轰动。

1992 年夏天，杨利伟所在的部队到新疆某机场执行训练任务。突然，飞机发出了一声巨响，碰上了严重的"空中停车"故障，飞机的一个发动机无法正常工作了。在这个紧急时刻，杨利伟非常冷静，他把战机顺利开回了基地，因此荣获了三等功。

1998 年 1 月，杨利伟和其他 13 位空军优秀飞行员一起，成为中国第一代航天员。

·辛苦与汗水，只为将来的辉煌

在北京航天员训练中心，杨利伟开始了艰苦的训练生涯。

当时，他每天要学的课程很多，有天文学、天体力学、空气动力学、心理学、航天医学、外语等，涉及三十多个学科、十几个门类，比在飞行学院时的压力大得多。许多知识是他之前没有接触过的，要学习和掌握它们非常困难。

好在，杨利伟是一个肯钻研的人，靠着一份不怕苦的劲儿，待理论学习结束后，他的成绩是全优。不过，这只是一个开始，想成为合格的航天员，除了扎实的理论基础外，还得有过硬的身体素质，而这又得经历一番艰难的训练。

在常人看来，太空神奇而美妙，可对于要进入太空的航天员来说，太空除了奇美之外，也是残酷的。那里没有氧气、没有水、没有重力，一应人类赖以生存的要素它都不具备。要想进入天空，航天员必须在密闭狭小的飞船里经历超重、失重相互交替的过程，这个过程是很痛苦的，要求航天员必须进行一系列的专门训练。

航天环境适应性训练是最痛苦的，完全是在挑战人的极限。以"超重耐力"为例，在飞船处于弹道式轨道返回地球时，超重值将达到 8.5 个 G（一个常用于度量重力加速度的单位），即人要承受相当于自身重量 10 倍的压力。在这种情况下，很容易造成呼吸严重困难或停止、意志丧失、"黑视"，甚至危及生命。想做飞天的宇航员，必须得经过这一道坎儿。

杨利伟在训练中是很讲究技巧的，他会依据个人体验的方法去练习，及时跟教员沟通，总结出规律和方法，让一些极具挑战的严格训练变得轻松一些。2003 年 7 月，经载人航天工程航天员选评委员会评定，杨利伟具备了独立执行航天飞行的能力，被授予三级航天员资格。

· **英雄出征，成为民族的骄傲**

2003 年 10 月 15 日早晨，杨利伟进入飞船，按照规章程序进行发射前的各项准备。8 时 59 分，指挥员下令"1 分钟准备"，火箭即将点火。指挥大厅里有诸多观看飞船的人，个个都很紧张，那一瞬间，空气都仿佛凝固了。

杨利伟在飞船内平稳地注视着前方，等待着辉煌时刻的到来。国外有关资料显示，航天员在发射前因情绪激动或紧张，心跳通常都会加速，有的达到 140 次 / 分，而杨利伟的心率是 76 次 / 分。

指挥大厅里传出了清晰的口令声，杨利伟向所有人敬了一个标准军礼后，飞船起飞了。从飞船的舷窗向外望去，杨利伟告诉大家，他看到美丽的太空了。飞船进入了天空轨道，杨利伟感觉到身体飘了起来，又觉得好像头朝下脚朝上，非常难受。他意识到这是在太空失重下出现的一种错觉，若不及时克服，很可能影响任务的完成。他借助平时训练的方法，凭借顽强的意志，对抗并战胜了这种错觉，很快就恢复了正常。

飞船绕着地球以 90 分钟一圈的速度高速飞行，昼夜交替，地球边缘仿佛镶着金边。杨利伟拿起摄像机，拍摄到了这奇异的景色。飞船绕地球飞行第十四圈后进入了返回阶段，这是整个飞行最关键、也是最危险的阶段。飞船要以每秒 8 公里的速度穿越"黑障区"，船体要经受 2000 摄氏度高温的考验，而杨利伟成功做到了，顺利地度过了这个危险时段。

10 月 16 日，杨利伟成为全国人民心目中的民族英雄。那天，他回到北京航天城时已经是晚上了，21 个小时太空之旅的疲惫还尚未消除，他就开始给教员们挨个打电话，汇报自己在太空的情况。此时，电视里全是他的新闻和形象，而他却好像什么事也没发生一样。

11 月 7 日，杨利伟被授予"航天英雄"的称号，在人民大会堂获得了奖章和证书。面对这样的荣誉，他说："感谢祖国和人民对我的培养。光荣属于祖国，光荣属于人民，光荣属于千万个航天人。我为祖国感到骄傲。我将继续努力工作，时刻准备接受祖国和人民交给我的任何任务！"

· **在荣誉的光环下秉持平常心**

从杨利伟返回地面的那一刻起，他就成了万人瞩目的焦点，生活轨迹也发生了很大的变化。他从一个单纯封闭的训练环境走出，要接受媒体访问，到国内外访问，参加各类社会活动，这些事情一段时间内成了他主要的工作。

记者问杨利伟："是否适应这种变化，事先有没有心理准备？"他很直白地告知，这种心理准备是没有的，就个人而言，他完全是按照一项任务去执行的，他是在弘扬一种精神，让更多的人了解航天，起到一个科普的作用。

面对庆祝活动和报告会，以及诸多的荣誉奖项，杨利伟表示，这比执行任务的压力要大得多。但在媒体宣传告一段落的时候，他还是很快就重新投入到训练中，跟其他的战友一样，没有什么特别的变化。陪同在杨利伟身边做活动的工作人员也曾说过，在跟杨利伟接触的过程中，没有感受到任何的张扬，他待人接物非常谦虚。当别人称赞他时，他总说自己只是一名普通的航天员。

问到对将来有什么计划，杨利伟说，作为航天员，最渴望的就是有机会执行更多的任务，为国家的航天事业贡献自己的力量。他时刻秉承着一颗平常心，无论是面对曾经默默无闻的艰苦训练，还是飞天后的荣誉光环，在杨利伟心中，他只是尽力完成了一项任务，和每一个在工作岗位上尽职尽责的人没什么区别。

耐得住寂寞才守得住繁华，能在繁华中保持平常心，更是一种境界。相比杨利伟在航天事业上的成就而言，或许这一点才是他更加令人钦佩和尊重之处。

生命 1 分钟，奋斗 60 秒

● 时刻保持警觉

多年前，一个有经验的间谍被敌军捉住后，立刻开始装聋作哑。不管对方用什么样的方法威逼利诱，他都不妥协，也没有被诱骗到开口说话。等到审问的人情绪稍微松懈下来，貌似和气地对他说："好吧，看来从你嘴里也问不出什么东西，你可以走了。"

听到这句话的时候，如果你是这个间谍，你会怎么做？会面露喜悦站起来走开吗？不，那样你就上当了。真正有经验的间谍不会那么做，那就等于暴露了自己的身份，承认了自己伪装聋哑人的事实。资深的间谍随时都保持着一份警觉，有着不可思议的自制力，他就像之前一样，毫无知觉地站在那里，仿佛没有听到审问者的话。这种做法，让他成了赢家。

要知道，审问人员也都是狡猾的，他们试图在一个人最放松警惕的时刻，来迅速攻克俘虏的心灵堡垒。任何一个人在获得自由的时候，都会抑制不住内心的喜悦，无意识地暴露了自己。可那个优秀的间谍，没有放松警惕，即便是听到审讯人员让他走的消息，依然保持着平静，就像审问依旧在进行一样。最后，审问者不得不相信，他确实是一个聋哑人，而间谍也因为他强大的自制力保住了性命。

军人在战斗中要时刻保持警觉，在平日的生活与工作中，也不能放松要求。倘若别人都在学习和进步，唯有自己原地踏步，那就无异于在退步。所以，每一个渴望进步的人，总是像上了发条一样，在什么时间做什么事，把一切都安排得井井有条。

约瑟夫·华伦·史迪威的名字，一直被中国人所熟知。在抗日战争时期，他和中国的爱国官兵们一起作战，为打败日本法西斯侵略者立下了不朽的功勋。

史迪威将军曾就读于西点军校，毕业后由于成绩出色，被派往驻菲律宾的第 12 兵团服役。在菲律宾，史迪威第一次参加真正的军事任务，而那一次他也受到了严峻的考验。他所在的连队受命清缴叛乱的普拉吉族人，这些人躲在热带丛林深处，史迪威和战友不得不在丛林中穿行，忍受暴雨和炎热，还要提防野兽的攻击和蚊虫的叮咬。

一次，为了不抛弃中暑的军士长，他背着对方赶路，不幸掉队。幸好史迪威在校时接受过野外作战训练，他振作精神，丝毫不敢懈怠。因为，普拉吉族人随时都可能跳出来要了他们的性命。史迪威单枪匹马，背着昏迷的军士长，队伍也没有派人来找寻他们，这些不利的因素都在考验着他的意志力。

史迪威打起十二分的精神，背着军士长继续赶路。在这样的时刻，他说什么也不能放弃自己的战友。他告诉自己，必须在天黑前找到队伍，不然就无法活着走出这片热带雨林。靠着从前训练时积累的经验，他一点点地摸索前行，走错了路能够很快地察觉出来，并返回原地继续走。在前进的途中，史迪威就像一只灵敏的豹子，时刻保持着警觉。天色暗了下来，史迪威终于凭借着强壮的体魄和敏锐的追踪能力，背着军士长赶上了队伍，找到了营地。此时的他，已经累得瘫倒在地上。

我们从史迪威身上学习到一点：在困难和挑战面前，不放松警惕；选择目标后，就要保持警醒，直至成功。这一切，全靠自我提醒。我们要时刻谨记奥利弗·伦威尔说得那句话："不求自我提醒的人，到最后只会落得退化的命运。"

● 为理想而奋斗

一个人能否全力以赴地投入自己的事业中，要看他有没有树立起为理想、为自己奋斗的人生理念。有些人只看眼前利益，有所选择地去行动，而内心有信仰的人却懂得，自己的努力并不是为了立刻得到回报，而是为了长远的将来。

布莱德利的家境不太好，父亲在他15岁时因病去世，他很早就承担起了照顾家庭的责任，利用课余时间赚钱打工。

生活的贫困，并没有让布莱德利放弃自己的理想。他到锅炉车间帮忙修整蒸汽机，月薪40美元。一次偶然的机会，他得知西点军校招生，免收学费，每个月还有津贴，于是，他报考了这所院校，通过了入学考试，成为一名军人。

贫苦出身的布莱德利，很快就适应了军校的生活。他在数学和抽象思维方面很有天赋，也擅长体育。毕业前夕，他被晋升为少尉学员。他的同窗艾森豪威尔这样评价布莱德利："他最重要的特点就是不达目的誓不罢休，如果他一直保持开始时的速度，终有一天，我们中的一些人会向自己的子孙夸耀：'不要忘记，布莱德利将军是我的同班同学。'"

毕业后的布莱德利，并没有像其他人那样扎根在军营，他把多数时间用在了执教上面。先是回到母校担任数学教官，后升为副教授，到本宁堡步兵学校进修一年。1925年9月，他赴夏威夷担任营长。

通过教学，布莱德利提升了自己的逻辑思维能力，此后在他遇到难题时，总能进行有条理地思考，这使得他成为美国将军中思维最缜密的人之一。业余时间，布莱德利还兼任体育教练，这让他在不经意间锻炼了组织和指挥能力。

1928年9月，布莱德利又进入利文沃思堡指挥与参谋学校进修。次年夏天，他选择到本宁堡任教。对于这个选择，他晚年回顾时说，那是自己一生中做出的最无意识却最为重要的决定。

1929年，马歇尔在本宁堡步兵学校担任校长助理，他随身带着一个"小黑皮本"，专门记录年轻的优秀军官的名字。后来，这个不起眼的"小黑皮本"里记录的人，几乎都成了"二战"的著名将领，其中就有布莱德利。

布莱德利最初被分配到史迪威的战术系，负责指挥高年级军官进行实战演练，得到了史迪威的好评。他精心组织了一场成功的野外综合表演项目，观看表演的马歇尔称，那是他见过的最好的一次表演。马歇尔很看好布莱德利，很快就提升他为兵器系主任。

1933年秋，布莱德利到汉弗莱斯堡的国防大学进修，之后回到母校的战术系做教官。他丰富的教学经验、有趣的演讲，深受学员们的好评。布莱德利的军人生涯，有十几年都在做教官，这在美国将军中是很少见的。尽管这期间他失去了很多晋升的机会，可却是积累经验最重要的阶段。

在西点军校的四年任期届满后，布莱德利被派往美国陆军参谋部人事处。1939年7月，马歇尔出任美国陆军参谋长，布莱德利与这位旧相识再度合作，他到参谋部秘书处任职，负责马歇尔办公室的工作。在这个岗位上，他展示出了惊人的才干。

此后不久，布莱德利被调到本宁堡步校担任校长兼驻地指挥官，获得临时准将的军衔。要知道，他只当了五年的中校，就越级升为准将，成为同届同学中最早当上将军的。第二次世界大战爆发后，布莱德利受命重建第82师，他以独特的方式整训部队，被士兵们亲切地称呼为"大兵"。

兜兜转转一圈后，布莱德利成为同届同学中第一个当师长的人，之后更是一路飙升，势不可挡。从师长到军长，又到集团军司令、第12集团军总司令，比巴顿和麦克阿瑟还要春风得意。

1953年8月13日，布莱德利带着42年戎马生涯的记忆退休了。1981年4月8日，88岁的布莱德利与世长辞，他给后人留下了两部著作:《一个士兵的故事》和《一个将军的一生》。他的一生都在不断地奋斗，为了理想，为了热爱的事业。

每个人都可以活得不平庸，无论出身和境遇如何，都可以努力做生活的有心人，发挥自己的积极性，锻炼自己，寻找和抓住机会。当你决意为理想信念、为了自我去奋斗时，便开启了创造奇迹的大门，也让自身的价值得到了更好的体现。

● 人物故事 | 方永刚：在信仰的战场上，保持冲锋的姿态

"一个真正的战士，在和平年代也能找到自己的方向；一个忠诚的战士，在垂危的时候，不会忘记自己的使命。他是一位满怀激情的理论家，更是敢于奉献生命的实践者。在信仰的战场上，他把生命保持在冲锋的姿态。"

这是被誉为"大众学者"和"平民教授"的军旅博士——方永刚一生的真实写照。

·一名理论战士的如火激情

方永刚，1963 年 4 月出生在辽宁省朝阳市建平县，1985 年从复旦大学历史系毕业，同年 7 月入伍，1992 年 12 月入党，先后在海军政治学院、大连舰艇学院任教，长期从事政治理论教学和研究工作。

在很多人眼里，理论都是灰色的。然而，作为一个理论工作者，方永刚却用自己的实践和人生告诉世人，理论是彩色的。入伍多年，他一直在践行着党的创新理论，在本职岗位上深入学习，做出了突出的贡献。他曾经说："我所担负的是太阳底下最神圣的事业。我生命的激情、人生的幸福、生活的快乐都在于此。"

2003 年 7 月 28 日深夜，从外地讲学回来的方永刚，习惯性地上网查看新闻。突然间，他看到了这样一行字眼："全面、协调、可持续发展"。他为之一振，凌晨 1 点就给教研室主任打电话，说想第二天就给学员讲讲党对发展问题认识的深化。

那天晚上，他连夜备课，彻夜未眠。第二天一早，他就走上了讲台。接着，又到学院所在的社区讲，到"大连论坛"讲，随辽宁省讲师团到外

地讲。两个多月后，党的十六届三中全会明确提出"科学发展观"和"五个统筹"的思想，方永刚在系里第一个提出要系统研究科学发展观，又开始埋头研究、外出调研、登台宣讲。

有人会问，方永刚为什么要把节奏放得这么快？因为，在他心里有一个信念：理论只有被群众掌握，才能变成巨大的物质力量。这个时代比任何时候都需要理论工作者，作为穿军装的理论工作者，他就是要在自己的岗位上保持冲锋的姿态，尽心做好党创新理论的传播工作。

· 患癌期间，争分夺秒地工作

"生命 1 分钟，奋斗 60 秒"，方永刚始终坚守着这样的人生信条。多年来，他把本职岗位作为践行党的力量的平台，不知疲倦地忙碌着。

有一年，方永刚遭遇了严重的车祸，颈椎受损，危及生命。躺在病床上的 108 天，他没有放下工作彻底休养，而是阅读了 43 本理论书籍，翻阅了 100 多万字的资料，完成了 30 万字的《亚太战略格局与中国海军》书稿。这种钻研的精神，让他先后完成了 8 项国家和军队重点科研项目，撰写了 13 部专著，发表了 100 多篇学术论文，26 项成果在全国、全军获奖。

2006 年 11 月，方永刚不幸被诊断出癌症晚期，在这种情况下，他依然没有放弃自己的使命和热爱的事业。"不管癌症是中期是晚期，研究党的创新理论没有限期。我能舍弃我的生命，但不能舍弃我的事业；我不惧怕癌症，但害怕离开最钟爱的三尺讲台。只要不倒下，就要不停地学、不停地写、不停地讲，以实际行动践行党的创新理论。"这是方永刚的原话。

11 月 16 日，手术的前一天，医生告知方永刚手术中可能会遇到的情况。谈话结束后，方永刚问医生，手术能否不全麻？这让医生很不解，多数病人都是畏惧疼痛的，要求多用麻药，方永刚却提出了相反的要求。对此，方永刚的解释是："我从事政治理论研究，可以断条腿少个胳膊，但不能没有一个聪明的大脑。"原来，他是怕全麻会有副作用，影响记忆力。

手术进行中，医生被方永刚腹腔里的情况震惊了，几乎整个腹腔都布满了癌细胞，他的病情严重超出了大家的想象。让医生不可思议的是，晚期癌症对于人的精神和肉体都是巨大的折磨，可他却坚持了那么久才来就医。他在住院的前一天，还在给学员们上课。

术后，方永刚的身上还插着引流管，可这时候的他又开始工作了。医生责备他不注意自己的身体，他却说自己带的三名研究生即将毕业，得把他们的论文修改完。

·想和一年四季都有个约会

2007 年 2 月 1 日，方永刚离开大连 210 医院，转院到北京 301 医院。

那天清晨，300 多名得知方永刚转院消息的群众、官兵和医护人员，自愿排起长队，他们都想再看看这位无私忘我的传奇人物。方永刚像平时一样，穿着整齐的军装出现在大家面前，笑着与人们握手送别。前来送行的人们，拉起长长的横幅："方老师，我们等你回来上课"、"方博士，永远刚强"……他们在用祝福传递着心声。

3 月 13 日，在接受中央采访团集体采访时，方永刚说出深藏在心底的愿望：想和一年四季都有个约会！春天走出医院感受春光，夏天与全军庆祝建军 80 周年生日，秋天和全民迎接十七大的召开，冬天以崭新的姿态走上讲台。

然而，方永刚的愿望还是只成了愿望。2008 年 3 月 25 日 22 时 08 分，方永刚在北京病逝。这位深受军民爱戴的理论战士离开了，可他不辱使命、甘愿奉献，在生命最后一秒仍坚持奋斗的精神，却永远被人们铭记于心。他用忠诚和青春诠释了对党的无限热爱，对党的创新理论的不懈追求。

勇于探索，不断攀登高峰

● 永不满足，力争更好

世间所有优秀的人，做事时都是充满自信的，可他永远不会对自己说："我已经做得够好了。"在履行职责的过程中，他会不断调整自己的目标，暗暗地告诫自己："我还可以做得更好，我要努力做到更好！"

一个人一旦满于现状，就很难再获得更大的成就和突破。在竞争日益激烈的社会里，不前进就意味着后退，就会被无情地淘汰。作为军人，更是需要永远前行，不断提升自我，而不是取得一点成绩就沾沾自喜，成为"骄傲的将军"。

24岁的海军军官卡特，应召去见海曼·李特弗将军。在谈话中，将军特意让他选择自己想谈的话题。每当卡特自认为完美地表述了一个话题后，将军都会问他一些问题，每次都把他问得冷汗直冒。这时，卡特才意识到，原来自己懂得的东西很少。

谈话结束时，将军问卡特，在海军学校的成绩怎么样？

卡特很自豪地说："将军，在820人的班级里，我名列59名。"

他以为，这样的回答会得到将军的肯定。没想到，将军却皱了皱眉头。

"为什么不是第一？你全力以赴了吗？"

"没有。我并不是全力以赴。"

"为什么不全力以赴呢？"

将军瞪着眼睛、大声质问的样子，让卡特哑口无言。这番谈话如醍醐灌顶，让卡特意识到了自己的问题，并受益终生。此后，他无论做什么事，都全力以赴，给自己制定更好的目标，力求做到最好。最终，卡特成了美国总统。

不是第一就要努力成为第一，即使是第一，也永远可以做得更好。这个世界没有常胜将军，哪怕你是名列前茅的佼佼者，也会面临更多的挑战，这种挑战来自他人，也来自自己。艾森豪威尔说过："在这个世界上，没有什么比坚持不懈、不断进取对成功的意义更大。"

美国富兰克林人寿保险公司的前总经理贝克告诫其员工："我劝你们要永不满足。这个不满足的含义是指上进心的不满足。这个不满足在世界的历史中已经促成了很多真正的进步和改革。我希望你们决不要满足。我希望你们永远迫切地感到不仅需要改进和提高你们自己，而且需要改进和提高你们周围的世界。"

无论生活还是工作，即便没有遭遇大的风浪，所处的环境也是时刻变化着的，安于现状只能是一厢情愿的梦想。当有一刻，你从梦中醒来，就会发现自己原来所拥有的一切，早已经不见了踪影。想要不被淘汰，就得时刻保持进取心，不断地提醒自己：我还可以做得更好！

● 树立终身学习的信念

法国的埃德加·富尔在《学会生存》中写到——

"未来的文盲，不再是不识字的人，而是没有学会怎样学习的人。一个人从出生下来就开始学习说话，学习走路，学习做事，学习一切的生存本领。当人学会了走路和说话，学会了做事，这只是学会了基本的自理能力，低级的动物也可以做到。作为高级灵性动物的人，要学会更高的生存本领，学到超越他人的本领，学习达成卓越人生的本领，这种本领从何而来？就是有超越他人的学习力。"

我们赖以生存的知识、技能，会随着时间的流逝和社会的发展，不断"折旧"。以军事领域来说，红军年代的那些作战装备，到现在已经完全落伍了，新时代的武器装备变得更先进、更科学，而这种进步源自不断地学习，不断地追求卓越。就个人而言，也当不断保持这种不断学习、终生拼搏的状态，这是保存实力、继续生存的唯一选择。

复旦大学原校长杨福家教授提出，从走出校门的那一天起，大学四年所学的知识50%已经老化，"一次性学习"的时代已告终结。有权威机构预测：到2020年，知识的总量是现在的3~4倍；到2050年，现在的知识只占届时知识总量的1%。

世界军事技术领域发展迅速，军队领导和官兵倘若不学习、不进步，肯定是不行的。军队竞争的本质是战斗力竞争，而战斗力归根结底还是学习力的竞争。在这种危机面前，无论职位是什么，学历有多高，不重视学习就一定会落伍。想在明天依然是一个货真价实的有用人才，就当把学习力作为自己的稳固后盾。

学习不是一时的事，而应该成为一种终身的习惯。

在提升自己的路上，要始终保持一个"空杯心态"，哪怕自己再优秀，也要知道还有很多未知的东西有待学习。在现代社会,想成为一个胜利者，一个强者，唯一的途径就是"学习，学习，再学习"。只有学习，你才能获得披荆斩棘、无往不胜的利刃。

● 人物故事 | 宋文骢：青骥奋蹄向云端，老马信步小众山

2006 年 12 月 29 日，新华社对外宣布："由中国自主研制的新一代歼-10 战斗机，已成建制装备部队，形成作战能力。这对加快我军武器装备现代化建设，巩固国防具有重大意义。"

作为中国最传奇的武器之一，歼-10 飞机终于向世人揭开了神秘的面纱。世界各大媒体都敏锐地捕捉到了"成建制装备部队，形成作战能力"这一特别信息。两年后，歼-10 战斗机在珠海航展亮相，吸引了全世界的目光。多少国外的军事专家慕名而来，目睹歼-10 的风采。

歼-10 到底有着怎样的迷人魅力，以及它的真实意义是什么？最有发言权的人就是我们即将要介绍的这位老人——宋文骢。

·一架歼-10，历经十八载岁月

宋文骢 1930 年 3 月 26 日出生于昆明。依山傍水的生长地，赋予了他灵气与智慧，但那时家乡的贫瘠和落后也让他难以忘却。中学时代，他加入了中国共产党外围组织，17 岁参加革命成为游击队员。1949 年，新中国成立，19 岁的他成为云南边纵部队的一名侦察员，曾冒着极大风险传送情报，立下战功。

1954 年 8 月 20 日，宋文骢跨进了哈尔滨军事工程学院大门，他的人生就此转折，与飞机设计结下不解之缘。1960 年，从哈尔滨军事工程学院毕业的宋文骢，走上了飞机设计的岗位。20 世纪 60 年代初，他和同志们一道首创了中国飞机设计第一气动布局专业组并担任组长，开始了对飞机新式气动布局的深入研究。到了 20 世纪 80 年代，上级发文要研制出一种适合中国空军 2000 年以后作战环境的歼击机，并列为国家重大专项，代号为"十号工程"。当年，56 岁的宋文骢，被正式任命为歼-10 飞机的

总设计师。

从1984年研发歼-10正式立项以来，宋文骢及其他工作人员度过了一段非常艰难的时期。研发之初，不少领导都存在争议和怀疑，认为直接购买幻影2000或者苏-27更好，省钱省时省力。可是宋文骢从来没有动摇过，他对歼-10和苏-27进行了详细的说明和对比，最终说服了所有人。

歼-10飞机的研制，历经了一个漫长的过程：1984年，确定初步设计方案；1986年1月，国务院、中央军委正式批准立项；1986年7月，宋文骢被任命为飞机总设计师；1987年6月，完成飞机初步设计；1998年3月，实现首飞；2004年4月，完成设计定型……前后共经历了近20年漫长的光阴。

·顶住压力，攻克重重难关

在这近20年的岁月里，宋文骢作为飞机总设计师，经受的压力可想而知。这种压力不仅仅是要攻克技术上的难题，还有一个更大的难关，就是经费的问题。20世纪80年代中期以来，随着改革开放的深入，国家财政困难，许多军工单位都要"军民结合"，军费和事业费锐减，不少军工系统都得自己想办法解决问题。歼-10的研制就处在这样的背景下。他们借了不少费用，真的是一"拖"二"熬"，才完成了飞机的初步设计工作。

经过十几年的设计研制，原型机横空出世，可在进行发动机地面开车试验时，又遭遇了麻烦。发动机开车是由慢到快逐步加大推力的，在推力达到90%以后，进气口吸力已经非常大，空气卷着白色的漩涡被抽进发动机里。这时，意外出现了。发动机的叶片出现了多处损坏。所有人都惊呆了，这是怎么回事？发动机里面怎么会有多余的东西呢？在开车试验之前，工作人员是反复检查过的。

第一次失败后，工作人员仔细排查清洗，可是再次试验还是出现了同样的问题。最后，他们层层把关，进行地毯式排查，终于在第三次开车试验时成功了。

首飞不容易，而定型更是一道艰难的关卡，对于世界各国来说都是一样的，必须经历艰难的过程。歼-10先后尝试了多项风险操作，飞性能、飞操稳、飞颤振、飞火控，是我国军事飞机从未有过的。2003年3月10日，歼-10终于参军。

然而，在交付部队使用后，设计定型的任务依旧艰巨。因为，飞机还必须得经过一系列的试飞考验。从1998年到2003年这五年的时间里，定型飞机中的30多个高难度、高风险科目，逐一被攻克，使得歼-10飞机设计定型工作基本完成。

·传奇的人生，永存的精神

在历史的长河中，20年的时间不算什么，可对于宋文骢来说，7000个日夜只有他自己知道是怎样度过的。在飞机设计中，他肩负着一份沉重的责任，冒着失败的风险，去探索、应用新技术和新理念；他在遭遇逆境的时候，从未放弃过专业能力上的积累；在研究生涯中，一直坚持实事求是的态度。

宋文骢是一位优秀的飞机设计师，但他不可能独自完成整个飞机的设计。在这一点上，宋文骢具备了极强的协调组织能力，也有足够的胸襟和气量容下新人，扶持新人，督促他们成长。优秀的品格修养、出色的格局胸怀，铸就了他在团队中的感染力和号召力。

宋文骢从事了几十年的飞机研制工作，但由于保密等原因，父母和兄弟都不知道他究竟是做什么工作的。有一年，弟弟宋文鸿去看望他，无意间看到了书柜里有几本医学类的书籍，回去后就对家人说："哥哥现在可能改行当牙医了。"当国家对歼-10进行适度解密后，一些报纸和杂志开始陆续公开报道宋文骢的事迹，并将其称为"歼-10之父"，这时家人才恍然大悟：原来，他几十年一直在默默地为国家研制战斗机。

2003 年，宋文骢被选为中国工程院院士；2009 年，他成为"感动中国"十大人物之一，推选委员会委员给了他这样的评价："五十载春秋风华，二十年丹心铸剑，他的心血和灵魂全部默默倾注给了共和国的蓝天卫士，熔做了他的体，化作了它的魂。"

2016 年 3 月 22 日，宋文骢院士因病去世。

八十年的风雨人生，他见证了中华民族救亡图存的苦难，也见证了中国航空工业崛起腾飞的艰难；五十年来的默默耕耘，他始终保持着稳健和创新的步伐。他的一生是辉煌的一生，他留下的不仅仅是歼 -10 这样的先进型号，还留下了一种永不磨灭的精神，那就是如何选择自己的人生方向、提炼和提升自己、为社会和自己奋斗、实现人生最大的价值。

宋老故去了，但他的精神始终留存，他怀着千里梦想，仍在路上。

致敬！给最可爱的人

谨以此书，献给所有曾经或现在，为国家、为人民付出青春、鲜血乃至生命的军警领域的官兵将领们！无论是战争年代，还是和平时期，他们永远都是最可爱的人。同时，也向支持他们的亲人家属表示感激，他们始终在默默无闻地奉献，也是值得我们尊敬的幕后英雄！

参考文献

1. 人民网 http://www.people.com.cn/

2. 搜狐新闻网 http://news.sohu.com/

3. 腾讯新闻网 http://www.qq.com/

4. 新浪新闻网 http://news.sina.com.cn/

5.CCTV 官网 http://news.cctv.com/society/

6. 中新网 http://www.chinanews.com/

7. 何小志 . 解放军精神 . 北京：中国纺织出版社，2005

8. 张建华 . 向解放军学习 . 第 3 版 . 北京：北京出版社，2014

9. 麦迪 . 西点军校公开课 . 北京：中国民族摄影艺术出版社，2012

10. 郎士荣 . 西点军校正能量 . 北京：电子工业出版社，2013

11. 施伟德 . 没有任何借口：西点军校 200 年最核心价值观 . 北京：新世界出版社，2009

12. 肖悦 . 西点军校成功密码：精英是如何练成的 . 北京：北京理工大学出版社，2010

13. 唐华山 . 向西点军校学执行力：打造优秀员工的 22 条军规 . 北京：人民邮电出版社，2010

问题导向力：重点突破，创造性开展工作的力量

杨朝晖◎编著

出版日期：2018 年 7 月　定价：49.90 元　ISBN 978-7-5158-2291-4　装帧：精装

Problem-oriented Approach

《人民日报》专题刊文探讨新时代新思想的鲜明理念：问题导向；

党政机关、企事业单位全面贯彻党的十九大精神推荐图书；

从调查研究到科学决策的风向标。

问题是实践的起点，创新的起点。本书将问题导向力提升到个人和组织发展的高度，呈现问题导向力的价值，给出了发展问题导向力的路径和方法。

不忘初心：心系工作，砥砺前行

杨朝晖◎编著

出版日期：2016 年 10 月　定价：36.00 元

ISBN 978-7-5158-1768-2

牢记初心、忠于初心、践行初心，我们就能不为任何事而动摇！

行程万里，不忘初心；心有所向，梦终会圆！

初心，是我们活着的意义所在，所有的选择都应该遵从自己的初心。而目标应是根据自己的初心制定的、完成后更加靠近自己初心的阶段性指标。目标应该清晰，可衡量。每个目标实现后，都要判断一下是否离你的初心更近。不忘初心，方能砥砺前行！

钉子精神：工作就是要敢挤肯钻、稳挤硬钻、善挤勤钻

张　斌　杨中宁◎编著

出版日期：2017 年 1 月　定价：36.00 元　ISBN 978-7-5158-1769-9

Spirit of Nail

钉子所在，使命必达。 工作从认真对待每一颗"钉子"开始。

有钻劲，才有专注；有钻劲，才有勤奋；有钻劲，才有进步；有钻劲，才有创新。

集中注意力和精神，一锤一锤钉钉子，把心思和精力用在脚踏实地抓落实上。

钉钉子的时候，遇到了不平整的表面，或是过于坚硬的东西，钉起来就会比较费劲。工作也是一样，难免会碰见麻烦和困惑，但这些问题并不是无法解决的，只是需要多花费点时间和耐心，还没尝试就放弃，结果只能是失败。